> アフィリエイトで夢を叶えた
> 元OLブロガーが教える

本気で稼げる
アフィリエイトブログ

収益・集客が1.5倍UPするプロの技79

亀山ルカ
染谷昌利

ソーテック社

読者特典

掲載できなかった原稿プレゼント

　ページの関係で、どうしても掲載できなかった「もっともっと伝えたかったこと」を読者特典としてプレゼントします！

　下記のURLにアクセスして、パスワードを入力するとダウンロードできます。

https://ruka-ch.jp/special.pdf

パスワード：blogaffiliate0309

ルカから
大切なあなたへの
プレゼントです！

本書に掲載されている説明を運用して得られた結果について、筆者および株式会社ソーテック社は一切責任を負いません。個人の責任の範囲内にて実行してください。

本書の内容によって生じた損害および本書の内容に基づく運用の結果生じた損害について、筆者および株式会社ソーテック社は一切責任を負いませんので、あらかじめご了承ください。

本書の制作にあたり、正確な記述に努めておりますが、内容に誤りや不正確な記述がある場合も、筆者および株式会社ソーテック社は一切責任を負いません。

本書の内容は執筆時点においての情報であり、予告なく内容が変更されることがあります。また、環境によっては本書どおりに動作および実施できない場合がありますので、ご了承ください。

本文中に登場する会社名、商品名、製品名などは一般的に関係各社の商標または登録商標であることを明記して本文中での表記を省略させていただきます。本文中には ®、™ マークは明記しておりません。

はじめに

　はじめまして、亀山ルカと申します。

　現在26歳で、ダイエットや美容に関するブログを運営しながら暮らしています。もともとは会社員として働いていて、大学を卒業したあと就職し、総務や人事の仕事をこなす毎日を送っていました。

　そんな私でしたが、大学生のころから興味があったダイエット・健康・美容について、ブログで少しずつ発信するようになり、気がついたらその収入だけで生きていけるようになりました。

　今では、自分のやっていることが仕事なのか趣味なのか境目がよくわからない不思議な感じがしていますが、とにかく毎日、大好きなダイエットや美容のことを考えながらブログを更新できているのがうれしくてしかたありません。

　久々に会った友達に「今何してるの？」と聞かれ、この経緯を話すと、必ず驚かれます。「それで生活していけるの？」「大変そうだね」といった疑問や感想をもらうこともあります。それはきっと、本書を手に取ったあなたも少なからず考えることだと思います。

　「ブログでお金を稼ぐなんて、本当にできるの？」「普通の人にはできないでしょ？」と半信半疑の人もいるはずです。

　本書は、そんな人にもぜひ読んでほしいと思って書きました。

　インターネットの知識は一切なく、文章の書き方も発信のしかたも何もかもわからなかった私が、どうやって好きなことをブログに書いて収入を得るまでに至ったのか、リアルな体験とその方法をお伝えします。

　細かいやり方はいろいろとありますが、ブログで収入を得るためにやるべきことは、実はとってもシンプルです。

　それは、**「文章を書き、発信すること」**です。

　誰にどんな風に届くかもわからないまま、とにかく毎日机の前に座り、ノートパソコンに向かってコツコツ文章を書くことを繰り返すうち、何もかもが変わっていきました。

書くことが読者の喜びにつながり、自分の自信につながり、お金を稼ぐことにつながり、人生の目的を見つけることにつながります。
　すごく大げさなことに聞こえるかもしれませんが、実際私はこのような変化を体験しました。
　ただし、そのスタートは、「書く」というとても地味なところにあります。
　とはいっても、文章力も何も、まったく必要ありません。
　あなたの言葉であなたなりに何かを書いてみることからはじめればいいのです。

　何度も優勝を勝ち取るようなプロのアスリート選手や、ベストセラー小説を生み出し続ける作家、何千人もの従業員を抱える大企業も、最初の一歩は小さかったはずです。
　小さなところからコツコツはじめ、黙々と地道に続けていけば、文章を書き、発信する以前には想像もできなかった何かが起こります。
　それを楽しみに、ワクワクしながら、本書を読み進めていただければ幸いです。

　本書は、私が4年間ブログを続けるうえで学んだこと、考えたことや意識したこと、体験したこと、成功談も失敗談もすべてを詰め込んだものです。
　ブログをはじめることはもちろん、文章を書くことも、インターネットで発信することもはじめてという人でも安心して読み進められるように工夫しました。

　少しでも参考になれば、そして、あなたがブログを楽しむきっかけになれば、何よりもうれしく思います。

亀 山 ル カ

CONTENTS

Chapter-1
ブログで稼ぐための準備と心構え

01 ブログをはじめるには、いくらかかって、何が必要なの？ 16
- ❶ パソコンとインターネット環境さえあればはじめられる！
- ❷ ブログはノーリスクハイリターン
- ❸ 簡単にはじめられて、簡単にやめられる

02 どのくらいの期間で稼げるようになる？ 19
- ❶ ブログで稼げるようになるまでの期間の目安は？
- ❷ 自分の目標に向かってがんばろう
- ❸ ブログは時給換算すると稼げない？

03 ブログに書けるようなことがない！ それって本当？ 23
- ❶ ほかの人よりちょっとだけ好きなこと、得意なことは何ですか？
- ❷ あなたの経験や知識は、ほかの人にとってははじめての情報

Chapter-2
何を書いて何を売る？
カテゴリーやコンセプトを決めよう

04 アフィリエイトサイトではなく「ブログ」をつくることを勧める3つの理由 28
- ❶ 書きやすい＆続けやすいブログ形式からはじめるのがコツ
- ❷ 体験談は読まれやすい

05 量産型サイトではなく、資産となるブログをつくる 31
- ❶ 継続して結果を出してくれるブログを持つ
- ❷ まずは手元に残る、財産となるブログをつくる
- ❸ 資産＝財産となるブログを土台に、何か新しいことをはじめる

06 はじめから稼げるカテゴリーをねらうより、
まずは書きたいことを書く..................33
- ❶ 稼げるカテゴリーより、あなたが書きやすいカテゴリーを選ぼう
- ❷「書きたいことを書く」ことで生じるデメリットとは？

07「書くテーマ」と「売るもの」を決めよう..................36
- ❶ 書きたいことを書きながら最大限収益化するためには？
- ❷ 商品紹介が苦手な人でも大丈夫
- ❸ 想像力を働かせて、読者になりきる

08 お勧めの内容❶ 好きなこと・得意分野を熱量たっぷりに伝える......40
- ❶ 好きなことや得意分野を考えてみよう
- ❷ 初心者・入門者に伝えるイメージで書く
- ❸ 伝わりやすさ・わかりやすさを大切にする

09 お勧めの内容❷ 悩みやコンプレックスは共通..................44
- ❶ 悩みやコンプレックスは収益化しやすい
- ❷「体・恋愛・お金」は需要が高い
- ❸「悩みやコンプレックスをさらすのは怖い……」と思う人へ

10 お勧めの内容❸ 経験したことのあるライフイベント..................48
- ❶ あなたが今までに経験したライフイベントは？
- ❷ あなたの経験は、これから経験する人の参考になる
- ❸ これからライフイベントを迎える人へ

11 文章の書き方❶ パソコンの向こうにいる読者のことを考えよう......51
- ❶ パソコンに向かっていても、読者の姿を想像して書く
- ❷「書きたいことを書きたいように書く」のはちょっと違う

12 文章の書き方❷ あなたのブログの読者像（ペルソナ）を考えよう......54
- ❶ あなたのブログの読者はどんな人？
- ❷ 過去の自分を読者像にすると書きやすい

13 商品の紹介のしかた
まずは自分の身の回りにあるモノを紹介してみよう..................57
- ❶ あなたの身の回りにあるものをリストアップする
- ❷ 商品を必要とする人の特徴を想像する
- ❸ 商品を魅力的に見せる方法

14 サービスやお店の紹介のしかた
使ったことのあるサービス・お店を洗い出してみよう..................62
- ❶ 読者を「その場所に行った気分」にさせる
- ❷「新しいお店に行くときに知りたいことって何？」を解決する

❸ 写真もしっかり撮っておく

⑮ 「雑記ブログ」の勧め 65
　❶ ひとつのテーマに絞れないなら「雑記ブログ」にしよう
　❷ 特化ブログからはじめるか雑記ブログからはじめるか
　❸ 雑記ブログなら、書くことに制約が生まれないので続けやすい

Chapter-3
実際にブログをつくって記事を書いてみよう！

⑯ やること再確認
　ブログで稼げるようになるまでの全体の流れを確認しておく 70
　❶ ブログで稼ぐためにやるべきこと
　❷ 稼げるまでの期間に注目しない！
　❸ 試行錯誤と習慣づけがすべて

⑰ 無料ブログサービスの選び方
　どのブログサービスがいいの？ 72
　❶ 各無料ブログサービスの違いと選び方
　❷ はてなブログのメリット・デメリット
　❸ はてなブックマークによって一気に有名になることも！

⑱ ブログのタイトルの決め方
　ブログのタイトルを考えよう 77
　❶ ブログのタイトルの決め方
　❷ キャッチコピーの決め方
　❸ タイトルに関する注意点

⑲ ブログのつくり方 はてなブログに登録しよう 81
　❶ はてなブログの登録方法
　❷ 基本設定・詳細設定をする
　❸ そのほかの項目について

⑳ ASPの選び方 ASPって何？ 登録するべきお勧めASPは？ 86
　❶ ASPって何？
　❷ 登録すれば簡単に広告を掲載できる
　❸ 最初に登録しておくべきお勧めASP

㉑ ASPに登録する 日本最大級のASP 「A8.net」に登録しよう 89
　❶ はじめから一気に複数のASPを使いこなすのは難しい
　❷ 案件数が日本最大級のA8.netに登録しよう

❸ 余裕ができたらほかの ASP にも登録し、案件の詳細を比較しよう

㉒ Amazon アソシエイトに登録しよう 93
❶ Amazon アソシエイトに登録するメリット
❷ Amazon アソシエイトの登録方法
❸ Amazon アソシエイトの料率はどれくらい？

㉓ 楽天アフィリエイトに登録しよう 98
❶ 楽天アフィリエイトにも登録するメリットとは？
❷ 楽天アフィリエイトの登録方法
❸ 楽天アフィリエイトの料率はどれくらい？

㉔ はてなブログで記事を書いてみよう 103
❶ 記事を書く全体の流れ
❷ 誤字脱字のチェックとスマホでの見え方を確認しよう

㉕ 広告を貼って商品を紹介してみよう 108
❶ A8.net の広告を記事内に貼ってみよう
❷ リンクの種類について
❸ リンク先がきちんと表示されるかどうかを確認する

㉖ 報酬額や広告のクリック数を確認する 112
❶ 実践したら、結果の確認をしよう
❷ レポートを分析して、足りない点を積極的に改善していこう

㉗ やっておくべきこと❶ Google Analytics に登録する 115
❶ Google Analytics って何？
❷ Google Analytics の登録方法
❸ 最初はここだけ押さえておけば OK！

㉘ やっておくべきこと❷ Google Search Console に登録する 119
❶ Google Search Console って何？
❷ Google Search Console に登録しよう
❸ サーチコンソールのチェック項目について

㉙ まずは収益よりもアクセスを集めることに注力する 124
❶ 最初の 3 カ月はアクセス数を見ない
❷ 少ないアクセスで報酬が発生することもある

㉚ 私が最初に収入を得たときの話 126
❶ 過去の自分に向けて内容を考えた
❷ 最初の「0」を「1」にするまでが最も難しい

トップブロガーに訊く！❶ 今日はヒトデ祭りだぞ！ 128

Chapter-4
もっと読まれる & 稼げるブログにしよう！

31 記事を書くときの心構え 132
- ❶ 記事を書くのは誰のため？ 何のため？
- ❷ 読者の欲している情報を届け、感情を刺激する

32 稼ぐブログを運営するための 3 つの共通要素 135
- ❶ 読まれる＆稼げるブログへの近道
- ❷ 3 種類の割合はどれくらい？

33 記事タイトルには必ずキーワードを含めよう 138
- ❶ タイトルは記事の入り口！
- ❷ 3 語以上のキーワードを含むように考える
- ❸ タイトルを装飾したり、クリックしたくなる文言も含めるといい

34 記事のパーマリンク（カスタム URL）を設定しよう 141
- ❶ パーマリンク（カスタム URL）は記事の内容を反映させる
- ❷ パーマリンクを決める際の注意点

35 記事構成について ❶
導入部分に興味を持ってもらえる内容にする 143
- ❶ 導入部分は「読んでもらえるかどうか」の 2 つ目のハードル！
- ❷ 記事の内容と結果をはじめに明確にしておく

36 記事構成について ❷
メイン部分で読者に読んでよかったと感じてもらう 146
- ❶ タイトルに含めたキーワードから、読者の知りたいことを想像する
- ❷ 知りたいことを書くだけでなく、＋αの情報も足す
- ❸ 読みやすいように整理する

37 記事構成について ❸
まとめ部分で行動のあと押しをする 149
- ❶ 最後まで手を抜かず、丁寧に書こう
- ❷ 内容の全体を振り返り、読者の今後の行動につながる言葉をかける

38 商品紹介記事を書くときのコツ 151
- ❶ 関連する情報はできるだけ詳細に具体的に書く
- ❷ 読者は「費用対効果」を知りたがっている
- ❸ 万人にお勧めできる商品はない

39 記事のカテゴリーやタグを設定しよう..155
- ❶ カテゴリーは大まかな分類、タグはより細かい分類方法
- ❷ カテゴリーとタグに関して気をつけたいこと

40 記事の顔になるアイキャッチ画像を設定しよう 158
- ❶ アイキャッチ画像の役割とは？
- ❷ アイキャッチ画像を設定する際の注意点
- ❸ 慣れてきたら、アイキャッチ画像に工夫を施してみよう

41 読まれる記事をつくるコツ❶
画像・イラストを入れ、読みやすくする..161
- ❶ 写真やイラストでしか果たせない役割を知る
- ❷ 挿入する個所は、実際に自分の目で見て決める

42 読まれる記事をつくるコツ❷
色・太字・枠を使う..164
- ❶ 読者は「記事を読んでいない」？
- ❷ 大事なことがざっくり伝わるかどうかを考える

43 読まれる記事をつくるコツ❸
改行・行間・スペース・句読点を効果的に使う 167
- ❶ どれくらいで改行すればいい？
- ❷ 文章の間、周りのスペースのバランスを見る
- ❸ 句読点は読んだときに不自然でないところに入れる

44 1記事の文字数は何文字くらいがベスト？ 169
- ❶ 文字数を指標にしない
- ❷ 文字数は多ければ多いほどいいのか？

45 見出しを先につくっておくと、ボリュームのある記事になる 171
- ❶ 見出しをつくって記事の全体像を把握する
- ❷ 見出しにキーワードを含める
- ❸ 大見出しと小見出しの使い方に注意する

46 記事の書き方残りの疑問総まとめ
本文の書き出しは何て書く？ 174
- ❶「最初の書き出し」何て書けばいい？
- ❷ 記事のタイトル変更の際は、キーワードを大きく変えない
- ❸ キーワードの数や割合は意識しない

47 デザインに凝る前に注意しておきたいこと 177
- ❶ 読者に違和感や不快感を感じさせないようにする
- ❷ デザインに時間をかけすぎると本末転倒になる

❸ 文章、デザイン、構成、全体をレベルアップさせるイメージ

48 デザインのテーマを選ぼう **全体の雰囲気を決める！**..................**180**
　❶ お勧めのカラム数はいくつ？
　❷「完成しているテーマ」か「カスタマイズしやすいテーマ」か
　❸ 見せたいものによってテーマを考える

49 はてなブログ簡単カスタマイズ ❶
見出しのデザインを変更する..................**184**
　❶ ピンク色の下線が入ったシンプルな見出しにしてみよう
　❷ 見出しの下線の左側にワンポイントを入れてみよう
　❸ 見出しを四角で囲んで、文字を白くしてみよう

50 はてなブログ簡単カスタマイズ ❷
サイドバーにコンテンツを追加する..................**189**
　❶ はてなブログのサイドバーカスタマイズ方法
　❷ 必ず追加しておきたいコンテンツとは？
　❸ サイドバーカスタマイズ応用編

51 はてなブログ簡単カスタマイズ ❸
お問いあわせページをつくる..................**192**
　❶「Google フォーム」でお問いあわせページをつくろう
　❷ すぐたどり着ける場所にリンクを貼っておく

52「iMageTools」で画像のサイズをまとめて変更する..................**197**
　❶ iMageTools で画像を一括リサイズ・リネームする方法
　❷ 作業の効率化を図り、管理をしやすくする

53「ibisPaint X」でスマホ・タブレットから
オリジナルイラストをつくる..................**200**
　❶ ibisPaint X の基本的な使い方
　❷ 描いたイラストの背景を透過させ、ほかの画像と組みあわせる

54 画像を明るく・おしゃれに見せる写真加工アプリ 3 選..................**205**
　❶「Foodie」で雰囲気のある素敵な写真へ大変身
　❷「Analog Paris」はかわいいだけじゃない！
　❸「Camera360」のフィルタの数がすごい！

55 アフィリエイト広告の効率のいい選び方..................**207**
　❶ まずは、興味のあるカテゴリーの全体像を知る
　❷ 人気がある商品、見たことがある商品を選ぶ
　❸ 単価と成果地点で案件をふるいにかける

56 アフィリエイト広告のクリック数を劇的に上げる方法..................**211**

❶ 読者の背中を押すひと言を意識する
❷ 根拠を述べながら、クリックを妨げる感情を取り除く

57 　SEO編　ロングテールキーワードを考える ❶..........................214
❶ ロングテールキーワードの考え方
❷ 想像して考えるロングテールキーワードとは

58 　SEO編　ロングテールキーワードを考える ❷..........................217
❶ お勧めのキーワードツール
❷ 特定の1人に向けて書く
❸ ロングテールキーワードの積み重ねでビッグキーワードを取る

59 　SEO編　Google Analytics と Google Search Console を有効活用する...220
❶ Google Analytics でアクセス増加の理由を知る
❷ Google Search Console でキーワードを確認する方法とその見方

60 　SEO編　読者が読みやすい内部リンク構造に整える...................223
❶「内部リンクを最適化する」ってどういうこと？
❷ 2クリック以内に目的の記事にたどり着く構成が理想

61 　SNS編　はてなブックマークと炎上とバズ...............................227
❶ はてなブックマークを使って、より多くの人に見てもらう
❷「炎上」ではなく「バズ」をねらう

62 　ファン・リピーター編　もう一度読みたくなるブログをつくる.............229
❶ 更新頻度を1日1回にする
❷ ブログのコンセプトにあったデザインにする
❸ あなたのブログに訪れる理由を考える

63 　ファン・リピーター編　プロフィールを充実させる.............................233
❶ 項目を箇条書きにするプロフィールではつまらない
❷ プロフィールに書くべき項目の具体例

64 　収益と直結しない記事でも、ネタを思いついたら書く.......................236
❶ 思いついたネタはできるだけ記事にする重要性
❷ 常にねらいすぎでは疲れてしまう

65 　自腹を切って体験し、説得力を生み出す ＋ ASP担当者とのつきあい方...238
❶ 自腹を切らないで商品を紹介することの落とし穴
❷ ASP担当者とのつきあい方について

66 　過去記事をリライトしてよりよくする...242

❶ リライトのやり方と注意点について
❷ Google Analytics と Google Search Console を見てリライトしていく

Extra SNS や YouTube にもチャレンジする..245
❶ 少しずつ活動の幅を広げていこう
❷ 各 SNS や YouTube を使った方がいい理由
❸ あなた自身をブログや他の SNS を通して伝えていく

トップブロガーに訊く！❷ いまのわたしにできること.................................247

Chapter-5
ブログがうまくいかないときの 7 パターン

67 パターン❶ あなたの記事は単なる日記になっていませんか？........250
❶ 行動の記録は自分用、そのまま記事にはしない
❷ 読者目線でメインに持ってくる情報を考える

68 パターン❷ 売ることが目的になっていませんか？..............................253
❶ 商品を無理やり押しつけない
❷ 売りつけ感の強い記事から脱却する方法

69 パターン❸ 結果を急ぎすぎていませんか？...256
❶ 書かなければ結果は返ってこない
❷ 結果が返ってきた段階で、試行錯誤を繰り返していく

70 パターン❹ タイトルにキーワードが含まれていますか？..................259
❶ 2 語以下のキーワードしか含まれていない記事は要注意
❷ 記事の内容を適切に反映しているタイトルが理想的

71 パターン❺ 誰かの真似をしようとしていませんか？...........................261
❶ 無理して書いたことは読者には響かない
❷ 知識や体験、失敗をもとにした「役に立つ情報」をコツコツ発信する

72 パターン❻ 続けられない自分を責めていませんか？..........................263
❶ 書きたくないときは無理に書かない
❷ 努力や根性に頼らない方法を考える

73 パターン❼ 人と比べすぎていませんか？...267
❶ ブログやアフィリエイトは、「みんな違ってあたりまえ」
❷ 自分だけの目標をつくる

74 ブログ・アフィリエイトで成功するための 3 カ条.............................269

- ❶ 結果が出るまで何が何でも継続させる
- ❷ あなたの常識はほかの人の非常識
- ❸ 人の気持ちを想像する練習をする

トップブロガーに訊く！❸ ザ サイベース 271

Chapter-6
ブログでお金以外に得られるもの

75 悩みやコンプレックスが人の役に立つことを知った 274
- ❶ 悩みやコンプレックスがある人にこそブログをはじめてほしい
- ❷ 個人のリアルな体験や想いは貴重なもの

76 家にいながらたくさんの人とつながることができた 276
- ❶ ブログがきっかけで友人や知りあいが増えた
- ❷ 共通の話題や趣味を持った人と知りあうことができる

77 好きな人・憧れの人に近づくことができた 279
- ❶ 憧れの人に近づくことができる
- ❷ インターネットとリアルな世界はつながっている

78 テレビ出演や雑誌掲載依頼など、
思わぬ依頼が舞い込んできた 281
- ❶ 思わぬ依頼は誰のもとにもやってくる
- ❷ 続けていると四半期ごとにいいことが起こる

79 好きなことが仕事になったら、自分に自信を持てた 283
- ❶ 好きなことが仕事になったら楽しい
- ❷ 消費する側から生み出す側へ
- ❸ 自分に自信を持ち、肯定できるようになった

あとがき 286

Chapter - 1

ブログで稼ぐための準備と心構え

まずは、ブログをはじめるために必要なものや、稼げるようになるまでの期間や流れといった概要をつかんでいきましょう。ブログを育て、稼ぐための大切な心構えについてもお話しします。

ブログをはじめるには、いくらかかって、何が必要なの？

「ブログをはじめるのって、費用はどれくらいかかるの？　何か買いそろえないといけないの？」と疑問に思う人は多いのではないでしょうか。実は、ブログをはじめるのに必要なものはたった2つだけです。しかも、この2つのものは、すでに持っていて日常的に使っている人がほとんどです。ブログをはじめるのにかかる費用や必要なものについて見ていきましょう。

Check!
- ☑ ブログをはじめるのに必要なものは、パソコンとインターネット環境
- ☑ ブログは、ノーリスクハイリターンな珍しいビジネス
- ☑ 簡単にはじめられる分、続けることが大事

① パソコンとインターネット環境さえあればはじめられる！

　ブログをはじめるのに必要な2つのもの、それは**パソコン**と**インターネット環境**です。この2つさえあれば、すぐにブログをはじめることができます。
　パソコンは、どんなものでもかまいません。私の場合は、大学生のときに何となく購入したWindowsのノートパソコンが家にあったので、それを使っていました。インターネット環境は家にあったので、必然的に家にいる間に作業するような感じでした。
　そうこうしながらブログを1年くらい続けているうちに、こだわりが出てきて「新しいノートパソコンがほしい」「外で作業したいからWi-Fiのルーターを契約したい」などと考えるようになりましたが、それまではずっと、もともと持っていたノートパソコンを使っていました。

パソコンはどのくらいのスペックが必要なの？

　「ブログやアフィリエイトをやるなら、高性能のパソコンが必要」ということはありません。今あなたが持っているものがあれば、それで十分です。
　ちなみに、「スマートフォンだけでブログをはじめることはできないの？」と聞かれることがありますが、はっきりいって、**スマートフォンだけでブロ**

グをはじめるのは難しいです。

　安いもので十分なので、パソコンとインターネット環境を用意して作業に取りかかりましょう。とにかくはじめることが大切です。

 はじめるために必要なもple

- ★ ブログをはじめるには、パソコンとインターネット環境があればいい
- ★ パソコンのスペックは、最低限で大丈夫

2 ブログはノーリスクハイリターン

　ブログ以外にインターネットを使ったビジネスや副業というと、株、FX、せどり、オークションなどがあります。これらはすべて初期投資が必要です。株やFXだと数万円かかるのは普通ですし、せどりやオークションにしても、在庫を持つためにいくらかの投資が必要になってきます。

　こうしたインターネットビジネスに対して、**ブログ運営はお金がかかりません。**パソコンを持っていない人でも、2〜3万円あればノートパソコンを購入することができるので、株やFXなどと比較すればかなりコストを抑えてはじめることが可能です。私も、「**初期投資にお金がかからないなら失敗しても大丈夫だし、とにかくやってみよう**」と思ってはじめました。

　こう書くと「初期投資がほとんどかからないなら収入も少ないんじゃないの？」と思うかもしれません。これがブログの面白いところなのですが、**初期投資がほぼゼロにもかかわらず、収入はいくらでも伸びる可能性があります。**

　私は2年ほどで月に50万円くらい稼げるようになりましたが、周りのブロガー仲間には、月に100万円稼いでいる人もいます。

　継続して更新したり、より多くの人に読んでもらえるような工夫を施したり、地道な努力を重ねることで、これくらいの額を稼ぐことは十分可能なのです。

　ただし、最近はSEO（検索エンジンに対して最適化すること）の状況が変わってきているため、稼ぐことのハードルが上がっています。この対策について245頁で説明しているので、あわせてご覧ください。

ブログで稼ぐメリット

- ★ ブログ運営には、お金がかからない
- ★ 収入は、いくらでも伸ばすことができる

3 簡単にはじめられて、簡単にやめられる

　ブログの素敵なところは、参入のハードルが非常に低いことです。
　パソコンとインターネット環境さえあればすぐにはじめられるビジネスは、ほかにはなかなかありません。しかし、これは裏を返せば「簡単にやめられる」ということでもあります。
　やめたいと思ったときにやめることができるので、**続けるか続けないかは自分次第**ということです。
　正直、ブログは簡単にはじめられる分、成果が出ないとすぐやめてしまう人もいます。それに対して、試行錯誤しながら続けられる人は、必ず稼げるようになります。人によって金額や稼げるようになるまでの期間に差はありますが、**「継続」は稼ぐための必須条件**です。
　さらに、**継続するための必須条件は、「楽しむ」こと**なんです。楽しいことって、自然と続けたくなりますよね。
　ブログを楽しむことの重要性は、このあとにも何度か出てきますが、大切なことなので、随所でお話ししていきます。
　簡単にはじめられるからこそやめてしまう人が多い中で、楽しんで続けることができたら、それだけで稼げる可能性がぐんと高くなると思いませんか？
　何度もいうように、**続けるためには楽しむことが必須**です。大切なことなので何回も声を大きくしていいます。
　私はこれを読んでいるあなたに、**ただ稼ぐだけでなく、どうせなら「楽しい！」と感じながら稼いでほしい**と考えています。
　そのためのお手伝いをすることができれば、うれしいかぎりです。

ブログは"楽しい"と感じながら稼げる！

Advice　ブログは「継続」がカギ
★ ブログは、続けなければ意味がない
★ 続けるためには、"楽しむ"ことが大切

02 どのくらいの期間で稼げるようになる？

ブログで稼げるようになるまでの期間は、人によって違います。得意とするジャンルも違えば、文章の書き方も違うので、稼げる金額も期間も人によって大きく変わってきます。そこがブログ運営の難しいところでもあり、面白いところでもあります。今後どのように収益があがっていくのか、また、どのような意識で取り組んでいったらいいのか見ていきましょう。

Check!
- ☑ ジャンルや書き方、更新頻度によって結果が出る期間は変わってくる
- ☑ 人と比べないで、自分の目標を立てよう
- ☑ 結果を焦らず、「稼げるしくみ」をつくるつもりで取り組もう

1 ブログで稼げるようになるまでの期間の目安は？

よく「楽して稼げる！」「1日30分で月100万円！」といった謳い文句を見かけますが、ブログやアフィリエイトで稼げるようになるまでの道のりは、決して楽なものではありません。**誰でも稼げる的な謳い文句は、あなたを自分のアフィリエイト塾に入れるためのセールストーク**だと思って間違いないでしょう。ブログでお金を稼ぐことはそんなに甘くはありません。

たしかにはじめるのは簡単ですし初期費用もかかりませんが、さすがに稼げるようになるまでは労力を要するものです。

ブログからの主な収益源は、成果報酬型のアフィリエイトやクリック課金型のGoogle AdSenseの広告収入です。

第3章や第4章で詳しくお話ししますが、広告を通して商品が買われた場合にその何パーセントかが入ってくるものや、クリックされただけで収益になるものなど、収益につながるシステムはいろいろあります。

ブログで稼げるようになるには、時間がかかる

広告収入を得るためには、まずブログの記事を書いて、更新する必要があります。

地道に記事を書き、アクセス数を集めることが稼ぐための第一歩です。

このことを考えると、すぐに稼げないことは何となくわかっていただけるかと思います。

目安としては、**アクセス数が伸びてくるのが3カ月～半年くらいなので、稼げるまでとなるとだいたい半年くらい**と考えておいてください。

人によってはブログをはじめた最初の月に収益が発生する場合もありますし、半年をすぎたくらいからどんどん収益があがりはじめることもあります。

ジャンル、文章の書き方、更新頻度などによって変わってくるので一概にはいえませんが、気長に続けることが大事、稼げるまでにはそれなりの時間がかかる、と考えておいてください。

> **Advice** ブログの収入源と稼げるまでの期間
>
> ★ ブログからの主な収益源は、アフィリエイトやGoogle AdSenseの広告収入
> ★ アクセス数が伸びてくるまでには3カ月から半年ぐらいかかる
> ★ ブログから稼げるようになるまでには最低半年ぐらいかかる

② 自分の目標に向かってがんばろう

ブログはじわじわと結果が出てくるものなので、結果が出てこないと、なかには焦る人もいるかと思います。

ほかの人と比べてアクセス数が少なかったり、稼げる額が少なかったりして、「このままがんばってもダメなのかな？」と思ってしまう人もいます。

でも、気にすることはありません。

私は、周りにブログをやっている人がいなかったこともありますが、何も気にせず自分の目標だけに向かって突っ走っていました。

新卒で入社した会社を半年で辞め、引きこもっていたときにブログをはじめて、「どれくらいかかるかわからないけれど、絶対に会社員の初任給くらいの額を稼ぐぞ！」と決めました。初任給というと、だいたい20万円くらいですね。

その目標に向かってがんばった結果、1年半くらい経ってやっと達成することができました。

● ブログからの収益

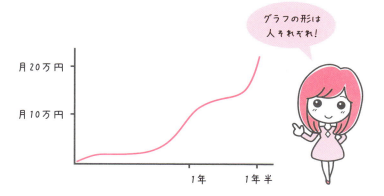

　今、周りを見てみると、半年もしないうちに月20万円を稼ぐ人もいます。そういう人と比べると、私は遅いほうなのかもしれません。しかし、ここまでやってきて思うのは、**人と比べてどうかというのは重要ではない**ということです。自分がどれだけ継続してがんばって結果を得られるかだけを見ていれば大丈夫です。

　ブログは、これだけがんばればこれだけの収入が得られるという絶対的な基準がないため、不安になる人も多いかと思いますが、人と比べずに自分が決めた目標に向かってがんばってください。

　試行錯誤が多ければ、やってよかった施策や、ダメだった施策の経験が得られます。そのノウハウはあなたの宝物になります。

Advice　ブログは目標に向かってがんばることが大事
★ あなた自身の目標を立てる
★ 試行錯誤が、あなたの財産になる

③ ブログは時給換算すると稼げない？

ブログは、「時給換算すると稼げない」といわれています。アルバイトの時給よりも安いなら普通にアルバイトをしたほうがいいかもしれませんよね。

ブログは、アルバイトの時給とは少し考え方が違います。

アルバイトは、指定された時間働き、その分の給料をきっちり受け取ります。ブログは、記事を書いてブログを更新し、アクセス数を集めて広告収入を稼ぎます。

この2つの大きな違いは、**ブログは継続して稼ぎ続けることができる**ということです。

たしかに最初のうちは、何時間ブログを書いていても収入は0円という日が続きます。時給換算したら時給0円です。これだけ見ると、ブログ運営は手間の割に稼げない印象となります。でも、あるひとつの記事から1日1,000円の収益があがるようになったらどうでしょうか。単純計算ですが、月3万円稼げることになります。

この収益は1カ月かぎりではありません。そのまま放っておいても、翌月も翌々月も月3万円入ってきます。

もちろん定期的に更新や内容の見直しをしなければアクセス数や収益も下がりますが、順調にそういったことをしていれば継続して稼げるのは確実です。そして、継続していけば1日1,000円だった収益を、2,000円にも1万円にも増やすことができます。時給自体を自分の力で上げられるのです。

だから、**はじめのうちは時給換算して落ち込むのではなく、「継続的に稼げるしくみ」をつくるため、地道に更新していきましょう。**

最初は期間を気にせず、結果を焦らず、コツコツと取り組んでいってください。

何事も継続は力なり！

ブログで稼ぐときの考え方

★ ブログは、働いた時間給ではなく"継続的に稼げるしくみ"
★ 継続することで、ブログ全体の収益をあげていく

03 ブログに書けるようなことがない！それって本当？

「たしかにブログはやってみたいし、稼げたらいいなあとは思うけれど、特に何か書けるようなネタなんかないんだよね」と悩んでいたりしませんか？
何か人より抜群に秀でていることがないといけない、すごいことを書かないといけない、発想豊かな面白い文章を書かないといけない……こんな風に思っている人をたまに見かけます。でも、そんなことはありません。少し考え方を変えれば、書くことは誰でもひとつや2つ思いつくものです。

Check!
- ☑ 友人より少しだけ好きなこと、ハマったことがあるものを思い浮かべる
- ☑ 専門家並みに詳しい必要はない
- ☑ あなたの常識は、ほかの人にとっての非常識

1 ほかの人よりちょっとだけ好きなこと、得意なことは何ですか？

　何か人より抜群に得意で好きなことを探す必要はありません。
　もちろん、そういうものがあるに越したことはありませんが、もしなかったとしても、書くことを見つけるのは簡単です。
　ほかの人よりも"少しだけ"好きなことや得意なこと、詳しいことがあればいいのです。
　「え、少しだけでいいの？」と思った人もいるかもしれません。
　もちろん、ある事柄について書き続けるとなれば、多少のリサーチや経験なども必要になってくるかもしれませんが、**最初のきっかけとしては「人より少しだけ」の程度で十分**です。
　私もこうしてブログやアフィリエイトに関する本を書いてはいますが、私より詳しい人はたくさんいます。
　最初は人より少しだけ知っていることを、まだ知らない人に向けて、つまり「昔の自分」に向かって書くつもりで書いて、それが積み重なってこうして本になったわけです。
　ほかの人より少しだけ好きだった「ダイエット」もそうです。

私は大学生のころ、痩せたくてしかたなくて、毎日ダイエットのことを調べていました。そこでふと「もしかしたら、これだけ調べていたら、ほかの人よりは多少ダイエットについて詳しいんじゃないかな」と思い、発信してみたらうまくいったという感じでした。

　ここで、同じようにあなた自身のことについて考えてみてください。あなたがほかの人より少しだけ好きなこと、得意なこと、詳しいことは何ですか？

　何でもいいから、思いつくかぎり書き出してみましょう。

　映画が好き、音楽が好き、ガジェットが好き、ファッションが好き、何でもいいのですが、できればブログやアフィリエイトは、はじめること、続けることが大事なので、**「そのことを24時間考えていても飽きない」というくらいハマっているものがいい**ですね。

　続けるのに苦にならないもの、ハードルが低いものを選び、継続のきっかけとしてください。

> **Advice　ブログネタの探し方＆決め方**
> ★ ほかの人よりも"少しだけ"好きなことや得意なこと、詳しいことがあればいい
> ★ 24時間考えていられるくらいのネタがいい

② あなたの経験や知識は、ほかの人にとってははじめての情報

　「好きなことや得意なことを考えてみて」というと、結構な割合で「でも私の経験していることなんて大したことない」「きっと私の知ってることなんてみんな知ってるはず」と返す人がいます。

　これは、大きな勘違いです。

あなたとまったく同じことを考え、同じ経験をして、同じように人生を送っている人なんて、この世界中に誰一人としていません。

　そう考えたら、あなたの経験や考えは、とっても特別なものなのです。自分であたりまえだと思っていることは、あなたの周りの人にとってはまったく新しい新鮮なものに映ります。

　私の話でいうと、「ダイエットでは食事と運動が大事だといわれるけれど、それだけじゃなくて、立ち方や歩き方といった日常生活の習慣も一般的なダ

イエットプログラム以上に重要なんじゃないか？」と密かに考えていて、それを試しにブログに書いてみたら、一気にアクセスが集まりました。

　この考えは以前から持っていて、3年くらいずっと考えていたので、私にとってはすっかりあたりまえのことになっていました。それを何となくインターネットで発信してみたら、同じように考えている人がいたり、「ダイエットがうまくいった！」と喜びの言葉をいただいたこともありました。

　これは、私にとって大きな発見でした。
　自分にはあたりまえのことが、別の人の目には新鮮に映るのだと実感しました。これは誰にでもいえることです。あなたにはあたりまえのことでも、あなたの友人や家族、恋人にとっては非常に珍しく新しいものに思えるかもしれません。
　ここで私がいいたいのは、**「自分の経験や知識なんて……」と思わずに、いくらでもあなたの思いつくことをリストアップしてみてほしい**ということです。
　そのストッパーさえ外せば、きっと好きなことや得意なこと、人より少し知っていることを見つけられるはずです。
　何も特別なことをやっていないと思う人も、あなたの日常生活の中で大半を占めている事柄や考えを思いつくまま書いてみましょう。
　趣味や好きなことがなくてもいいんです。あなたの生活そのものが、伝える内容になることだってあります。
　たとえば、子育てに忙しい主婦なら、子育ての大変さ、楽しさを理解しています。さらに、時短の工夫、サッとできる料理のレシピなどもいつの間にか頭の中にあるかもしれません。

残業で毎日寝不足だという人は、仕事の大変さをわかっています。仕事や会社に対する疑問や考えが頭の中でぐるぐるしていたり、もしくは「どうすれば仕事を早く終わらせられるか？」といった自分なりの工夫をしている人もいるかもしれません。
　こんな風に、伝えられることはたくさんあります。
　今は、誰でもインターネットを使うことができる時代です。
　インターネットを使っていない人、発信していない人もまだまだたくさんいますが、そういう中で自分のことを発信するのは大きな強みです。
　「自分なんて」と臆せずに、好きなように考え、発信してみてください。
　発信することでほかの人の反応を得たり、お金を稼いだりすることは、少しずつ自信となって積み重なっていきます。
　そのための1歩として、あらゆるストッパーを外して、自由に考えてみてください。

"発信し続けること"が
あなたの自信に
なっていきます！

Advice　自分にとってあたりまえのこともほかの人には新鮮

★ 趣味や好きなことがなくても、あなたの生活そのものが伝える内容になるかもしれない
★ まずは臆することなく、発信してみる

Chapter - 2

何を書いて何を売る？
カテゴリーやコンセプトを決めよう

ブログに書く内容や売る商品について、具体的に考えていきましょう。
「何を書いていいかさっぱりわからない……」
という人も、このチャプターを読めばヒントが見えてくるはずです。

04 アフィリエイトサイトではなく「ブログ」をつくることを勧める3つの理由

自分で何かしらのメディアをつくって収益化したいと考えた場合、大きく分けて2通りのやり方があります。
① 商品やサービスを紹介し、購入してもらうことを最終的な目標としたアフィリエイトサイトをつくる
② 自分の知識や体験をもとに記事を書き、その中で関連する商品やサービスを紹介するブログをつくる
本書では、②をお勧めしています。

Check!
- ☑ アフィリエイトサイトは、難易度が高く強力なライバルも多い
- ☑ 自分の知識や体験をアウトプットすることが楽しさにつながる
- ☑ 個人ブログには、大手メディアに絶対にないものがある

① 書きやすい&続けやすいブログ形式からはじめるのがコツ

初心者がいきなりアフィリエイトサイトをつくって稼ぐのは、かなり難易度が高いです。

なぜなら、**アフィリエイトサイトは大前提として売る・稼ぐことが目的なので、最初はどうしても売りつけ感の強い記事になってしまったり、商品について調べることに飽きてしまったり、サイト構成を考えたり、やることも多ければ、掘り下げるのにも大変な時間がかかるからです。**

さらに人気のあるカテゴリーは、すでに先輩アフィリエイターたちが膨大な情報を載せたサイトをつくって切磋琢磨しているので、知識も経験もない初心者が挑戦してもなかなか成果につながらないことがあります。

それに対して、**ブログは書きやすく続けやすい**のが特徴です。

ブログは、特に完成時の構成を考える必要もなく(カテゴリー分けは必要ですが)、気楽に思ったことや体験したことを書いていけばいいだけなので、続けやすいのです。

「商品を売る」という意識ではなく、自分の好きなことや得意なこと、日常のことを書きながら、**ときどき収益につながるような商品紹介記事を書けばいい**ので、気楽に楽しく続けることができます。得意なことや感じたことは人それぞれ違うので、それだけで独自性にもなります。

　また、自分のことをアウトプットしていると、読者に感謝・共感されてコメントをもらうこともあって、モチベーション維持につながります。

　私もモチベーションが低下したときに、「役に立ちました！」というようなコメントをもらって、またやる気を取り戻すということが何度もありました。

　こういった理由から、私は個人ブログをつくって収益化することをお勧めしています。

2　体験談は読まれやすい

　個人ブログをつくって、体験談を書くのをお勧めする理由はもうひとつあります。

　それは、「**情報を求めている読者に読まれやすい**」ということです。

　私は主に「ダイエット」について書いているのですが、「ダイエットって競合多いですよね？」とよく聞かれます。

　たしかに競合は多いです。大手のメディアもたくさんあります。

　しかしそれでも、私のブログは検索上位に食い込んでいます。それはなぜでしょうか？

あたり障りのない意見やほかのところからかき集めた情報よりも、自分で実際に体験した記録や強い想いなどのほうが、ユーザーの役に立っているということです。

　あなたも、これから通いたいスクールの評判は気になりますよね。

　旅先のおいしいレストランの、正直な感想を知りたいですよね。

　ただデータだけが載っているだけのウェブサイトと、スタッフの雰囲気や行ってみてよかったかどうか、個人の印象が載っているブログ、どちらを信用しますか？

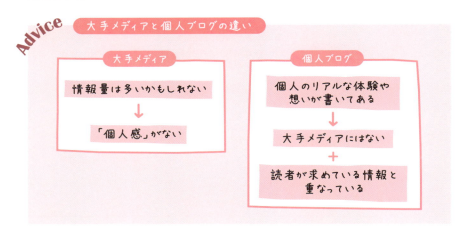

　このように、本気でユーザーのことを考えて書き続けたブログなら、必ず検索上位に上がります。

　こういうわけで、**個人ブログは続けやすい、読まれやすい、共感されると、いいこと尽くし**なのです。

　ただし、Googleの検索順位の動向は日々変化しており、近年はこの限りではなくなってきています。体験談はたしかに読まれやすく、ブログでの滞在時間も長くなる傾向にありますが、近年は個人ブログよりも会社のホームページや大規模サイトなどが上がりやすくなっています。

　とはいえ、個人のリアルな体験は個人ブログでしか伝えられないことで、人の役に立つ可能性は大いにあります。検索順位だけで見ると難しい部分もありますが、書く意味は十分にあります。検索に頼らない方法については、245頁をご覧ください。

量産型サイトではなく、資産となるブログをつくる

サイトとブログは、大きく2種類に分けられます。
❶ 1〜20記事程度の記事数が少ないサイトを、大量に作成する量産型サイト
❷ 50〜100記事以上と、記事数が多めの資産型ブログ
この2つの違いと、なぜ資産となるブログをつくることをお勧めするのか、またつくることにどのようなメリットがあるのかお話ししていきます。

Check!
- ☑ 長生きするブログは継続的に稼いでくれる
- ☑ まずはひとつ、自分の代表作となるブログをつくろう
- ☑ 資産 = 財産となるブログをもとに、新しいことをはじめられる

① 継続して結果を出してくれるブログを持つ

　ここでお話しする内容も同じように、量産型サイトをつくるのか、資産型ブログをつくるのかは、人それぞれで正解はありません。
　では私の経験上、お勧めするやり方は何かというと、それは**資産型ブログをつくろう**ということです。資産型ブログは100記事以上のボリュームが必要だと私は考えています。ちなみに、私が最初につくったダイエットブログは500記事くらいでした。
　このメリットは、ずばり「**長生きする＝アクセスや収入が長く安定しやすい**」という特徴があることです。
　それに対して量産型サイトは、記事数が少なくボリュームが足りないために、アクセスや収入、検索順位などが変動しやすい傾向があります。検索エンジン（Google）の検索ルール（アルゴリズム）が変わると、検索順位が下落してしまい、まったく読者が訪れなくなってしまう危険性もあります。

② まずは手元に残る、財産となるブログをつくる

　資産型ブログをつくるにはものすごく時間がかかりますが、結果的に長く**結果を出してくれる**と思えば、断然こちらをお勧めします。

まずはひとつ手元に残る、資産＝財産といえるブログをつくることを目標にしてみてください。

　どんなカテゴリーでも、一定数の記事を書き続ければアクセス数や収入は安定してきます。その結果をもとにして次につくるブログの計画を立てるのもいいと思います。

　いずれにせよ、せっかくはじめてつくるブログなら、すぐに検索順位が落ちてアクセスや収入がなくなってしまうものよりも、安定して細く長く生き残るブログのほうが、書いているあなたも満足感が高くなります。

③ 資産＝財産となるブログを土台に、何か新しいことをはじめる

　資産＝財産となるブログをつくると、それを土台にして何か新しいことに挑戦しやすくなります。

　ブログで収入を得ることのすごいところは、1度書いた記事が勝手に稼ぎ続けてくれるということです。私の場合も、2年前に書いた記事がいまだに収益をあげています。

　たとえると、**ブログという会社の中で、自分の代わりに働いてくれる社員（＝記事）を生み出していくようなもの**です。

　では、社員（記事）があなたの代わりに働いてくれている間、あなたは何をするのでしょうか？

　答えは簡単です。あなた自身の働く時間が短縮されるので、別の好きなことができるようになります。

　ブログの収益をもとに何かネタになりそうな商品を買ってきてブログの内容を充実させたり、できた時間とお金を趣味につぎ込んだり、今までチャレンジしたことのなかった投資に使ってみたり……、いろいろな可能性が広がっていきます。

　このように**長期的なスパンで考えると、資産型ブログをつくることに注力したほうがお得**なんです。私も、ひとつのブログをつくり、それをもとにして新しいブログを少しずつ立ちあげていきました。

　きっと、最初につくったブログが安定したものでなければ、ほかのこともやってみようとはなかなかならなかったはずです。

　せっかくはじめてのブログをつくるなら、あなたの手元にしっかりと残るものをつくってみてくださいね。

06 はじめから稼げるカテゴリーをねらうより、まずは書きたいことを書く

「稼ぎたい！」と強く思っている人は、書く内容も「稼げるカテゴリーを選びたい」と考えてしまいます。もちろん、それもいいとは思います。なぜいいのかというと、書く前からしっかり収益化を意識しておくことは、とても大事だからです。何となく書きはじめて、あとからどうしようかなと悩むよりは、ゴールへの道筋が明確なほうが前にドンドン進んでいきます。ただ、はじめから「稼げるカテゴリーを！」と思ってテーマを絞りすぎてしまうと、記事を書いたり調べたりということが億劫になってしまうことがあります。

Check!
- ☑ はじめは「稼げるカテゴリー」よりも「書きやすいカテゴリー」を選んだほうがいい
- ☑ 「書きたいことを書く」には、デメリットもある
- ☑ 継続のしやすさ、楽しさから入るのがお勧め

① 稼げるカテゴリーより、あなたが書きやすいカテゴリーを選ぼう

稼げるカテゴリーを選ぶことは間違っていません。せっかくブログをはじめるなら、発信する楽しさと同時に報酬も得たいと考える人がほとんどだと思いますし、斯くいう私もそうでした。

しかし、あれもこれもというのはうまくいかないものです。

楽しさも報酬もと、最初から両方をつかもうとすると中途半端になってしまうことが往々にしてあります。

では、どちらを選ぶのがいいのでしょうか？

どちらを取ってもいいのですが、この本では、**継続のしやすさ・楽しさを重視**したいと思っています。

まずは楽しさを感じながら続け、そのあともっと稼ぎたいと思ったら、報酬をメインとして新たなブログやサイトを立ちあげてみる、という方法をお勧めします。

Advice 続けるためには興味があることを選ぶのが◎

❌ 稼げそうなカテゴリーを調べる

⭕ あなたが純粋に書きやすい・これだったら書けそうかもと思えるようなカテゴリーを考える

　ダイエット、美容、健康、ファッション、ゲーム、電化製品、文房具、英語勉強法、旅行など……、何でもいいので、書きやすいと思うカテゴリーを書き出してみてください。

② 「書きたいことを書く」ことで生じるデメリットとは？

　「書きたいことを書こう」といっておいてなんですが、念のために、書きたいことを書いて生じるデメリットについてもしっかりお話ししておきたいと思います。何をやるにもいい面と悪い面があるので、それを理解したうえで進めてください。

　まず、正直に伝えておきたいのが、**「書きたいことや好きなことを書いて、たくさん稼げるようになる」** ということは、**半分本当で半分ウソ**だということです。

　半分本当だというのは、**あなたの書きたいことや好きなことが稼げるカテゴリーに近い場合、たくさん稼げるようになる可能性がある**からです。

　反対に、**稼げるカテゴリーから遠い場合は、たくさん稼ぐことはなかなか難しい**です。これが半分ウソだという理由です。

　カテゴリーによって振り幅が大きくあるのは確かです。

　たとえば、Aというカテゴリーなら月に100万円くらい稼げるかもしれないけれど、Bというカテゴリーだと最大でも月に10万円しか稼げないといったように、振り幅はかなりなものです（それでもブログから月に10万円稼げたら、十分すぎる気もしますが……）。

　マイナーすぎるカテゴリーや、そもそも興味を持っている人が少ないと考えられるカテゴリーの場合、母数が少ないので、自然と収益化も難しくなります。書いても書いても稼げないといった悩みを持っていたら、それは書き方が問題なのではなく、そもそも選んだカテゴリーが収益化しにくいものだった、という可能性が高いです。

Advice 参考 報酬額が大きくなる代表的なカテゴリー

- 金融・保険・クレジットカード
- エステ・美容・ダイエット・脱毛
- 不動産
- 中古車買い取り
- 英語・英会話・資格
- 就職・転職

例として、報酬額が大きくなる可能性のあるカテゴリーを上記で紹介しました。これらのカテゴリーに共通していえるのは、**一生涯で使う絶対額が大きい（ライフタイムバリュー＝LTV）カテゴリー**ということです。しかしながらこういったカテゴリーの高額報酬プログラムには、数多くのライバルが存在します。ここまでお話ししてきたように、大規模なアフィリエイトサイトはこういった競争の激しいカテゴリー内でしのぎを削っています。

だからこそ初心者は、まず「継続・楽しさ」を第一として、お金はあとからついてくるものとして考えておいてください。

「お金」の部分は人によって振り幅があるので、ここで一概に「誰でも好きなことを書いてたくさん稼げるようになるよ！」という無責任なことはいえません。ただ、人それぞれ「収益化の工夫」はいくらでもできます。次節でその方法についてお話ししていきます。

「書くテーマ」と「売るもの」を決めよう

本書では、「書きたい内容ありきで収益化する」ことをお勧めしています。それにはデメリットもあるとお伝えしましたが、工夫すれば収益化する方法はいくらでもあります。また、メリットとして商品紹介がしやすいということもあります。この2点と、記事を書いたり商品を紹介したりするうえで大切なポイントを見ていきます。

Check!
- ☑ 書きたいことを書きながら、収益化の工夫をしよう
- ☑ 商品の紹介が苦手な人でもやりやすい
- ☑ 記事を読みたい人の気持ちを考える

① 書きたいことを書きながら最大限収益化するためには？

必ずしも、「**書きたいことを書いてたくさん稼げるようになるとはかぎらない**」と前節でお伝えしました。このことを書きながら「え？　そうなの」と意気消沈してしまう人がどのくらいいるかなと、心配したのですが、本当のことなので思い切って書きました。

しかし、**収益化の工夫はどんなカテゴリーでもできます。**

たとえば、料理関連のブログを書いていこうと思ったら、実は、料理やフード系はこれといった広告がないのが玉に瑕です。それでも地道に続けることでアクセスが伸びてきます。そうしたら「Google AdSense」という、自動的にブログ記事の内容に沿った広告を配信してくれる（自分が以前見た商品の広告が表示されることもある）クリック課金型の広告を貼ったり、自分自身のセミナーや料理教室といったリアルなイベントにつなげることも可能です。1人3,000円の参加費で20人集まれば6万円の収益になります。

自分のブログでオリジナルレシピを公開して、人気ブロガーになって本の出版につながったという人もたくさんいます。テレビにもよく出演していて、レシピ書籍も売れに売れている「みきママ」さんも、「藤原家の毎日家ごはん。」というブログを運営し続けることで、現在のポジションを得ています。

「3STEP COOKING」を運営している「ヤミー」さんも同様です。

Advice 好きなことを書きながら収益化に成功した人気ブログ

★ 藤原家の毎日家ごはん。
http://ameblo.jp/mamagohann/
★ 大変！！この料理簡単すぎかも... 3STEP COOKING
https://ameblo.jp/3stepcooking/

アフィリエイト広告での収益化が難しかったとしても、工夫すれば、新たな収益源をつくる方法が見つかります。**何より、コツコツ継続してブログを更新するということは、絶対に無駄にはなりません。**

お金にならなくても、アクセス数やフォロワー、読者、信用度などが、少しずつ蓄積されていきます。それらを活かして、次に何につなげるか？

もしあなたの選んだカテゴリーがネット上での収益に直結しなくても、方法はいろいろあります。

Googleで自分の得意分野を検索してみて、上位表示されているブログを隅から隅まで読み込むことで、**この人はどうやって「収益化しているのか」「自己ブランディングをしているのか」、見つけられるはずです。**

そのヒントを自分のブログに置き換えて、運営の道標にしましょう。

● アフィリエイト広告が少ないカテゴリーでも、ブログの収益化は考えられる

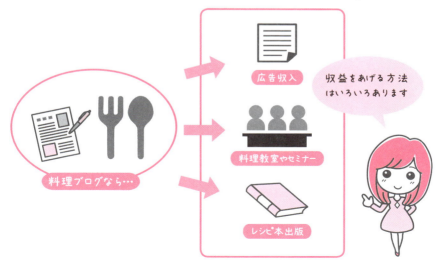

② 商品紹介が苦手な人でも大丈夫

　書く内容にあわせて商品を紹介するメリットは、「商品紹介が苦手な人でもやりやすい」ということです。

　「商品を紹介するとなると、売り込み感が強くなってしまって何となく書けない」なんて人を、今までたくさん見てきました。

　たしかに、「売れるように」とか「売らないと！」と思って書くと、ひたすら「お勧めですよ！」「いい商品ですよ！」と書いてしまったりして、かえってうさん臭くなることもしばしばあります。

　でも、**あるテーマのことを書いたら、そのテーマにあった商品を探してさりげなく紹介すれば、自然な感じになります。**

　たとえば、私はダイエットブログで骨盤矯正について説明した記事を書いているのですが、その最後のあたりに、以前行ってみてよかった整体の広告を貼っています。

　「この記事を読みにやってくる人は、骨盤矯正に興味がある、つまり体の歪みを取りたいと考えているはず。それなら整体がニーズにあっているのかも？」と思って貼ってみたら、大正解でした。約2年前に書いた記事ですが、あるときから毎日一定数の成果があがるようになりました。

　もちろん商品についてがっつり紹介する記事を書いてもいいと思いますが、それが苦手な人は、**「この記事を読む読者が求めていることや解決したいこと」を考え、それを満たす商品を探してきて「こんなものもありますよ」と記事の最後でさりげなく紹介する**、という風にやってみるのがお勧めです。

「情報」を提供しつつ、役に立ちそうな商品があれば紹介する

この方法が1番はじめやすいです

想像力を働かせて、読者になりきる

記事の内容にあわせて商品を紹介する際のポイントは、「想像力」です。

ブログやアフィリエイトをはじめるうえで、最も大事なのは想像力だといえるかもしれません。

具体的には、**読者になりきってその人の立場や考えを想像します。** これができれば、読者の求めていることに応えられるようになります。先ほどの、「骨盤矯正と検索してくる ⇒ 身体の歪みを取りたい ⇒ ぴったりな商品やサービスは？」という流れも、読者の気持ちをしっかり想像しています。

これがもし、あなたが好きなことや悩んだことがある内容なら、同じ気持ちの読者のことを容易に想像できるのではないでしょうか。

Advice ブログに訪れる読者の気持ちを想像する

ブログやアフィリエイトをはじめるうえで、最も大事なのは想像力
↓
では、何を想像したらいいのか？ → 読者の気持ち

読者の気持ちを想像しやすいという意味でも、好きなことや得意分野、興味のあることを題材にするのがお勧めなのです。

Advice 記事を書く際のポイント

★ 商品を紹介する際、いかに客観的に見ることができるかが重要ポイント！

100％自分目線で書いていると、読者の求めているものから離れていってしまいます。**自分独特の目線や考えを持ちつつ、読者目線や客観性を持って書くことが、読まれる＆稼げるブログへと成長していくことにつながるのです。**

08

お勧めの内容 ❶ 好きなこと・得意分野を熱量たっぷりに伝える

書きたいことを書いていいといわれても、候補がたくさんあって、どれを選んだらいいのかわからなかったり、逆に書きたいことがまったく何も思いつかないという人もいると思います。そこで、ここから3回に分けて、ブログ記事のテーマとしてお勧めの内容について見ていきます。

最初は、「好きなこと」や「得意分野」についてです。やはりこれが1番書きやすいですし、続けやすいです。またここからの3回は、たとえば、「ダイエットは私にとって、"悩み・コンプレックス"でもあり"好きなこと・得意分野"でもある」といったように、それぞれ重なる部分も出てきますが、そのことも踏まえて、読み進めていってください。

Check!
- ☑ 好きなことや得意分野なら、書くストレスがほとんどない
- ☑ ほかの人より少し好きなこと、少し得意なことでも自信を持って書こう
- ☑ これからはじめてみたい人、興味を持っている人に向けて書く

① 好きなことや得意分野を考えてみよう

あなたの好きなことや得意分野について、考えてみましょう。

専門家やプロといわれるレベルでなくとも、まったく問題ありません。むしろ、専門家レベルまでいってしまうと、読者（初心者）の立場から遠く離れた存在となってしまい、伝えるのが難しくなる可能性があります。

「人よりちょっと詳しい程度」がちょうどいいレベルなんです。何でも上には上がいるものです。

たとえば、私は今でこそダイエットブロガーなんて呼ばれていますが、私よりもダイエットや美容に詳しい人はたくさんいますし、もっとしなやかでスタイルのいい人もいくらでもいます。

それでも、普段からダイエットのことや体のことに興味を持って調べた結果を記事にしたり、ダイエット本を買ったりして「これはいいかも！」と思ってレビューや実践記録を書いたりしていたら、ダイエットや体のことについてよく質問されるようになりました。

少し好きなことや人より知っていることをアウトプットするだけで、それを知らない人は喜んでくれるんだと実感しました。
　ほかにも、私は電子機器のことがよくわからなくて苦手意識があるので、いつも詳しい友人に質問しています。この前も、「今のパソコンが重すぎて持ち運ぶのが大変だから、持ち運び用にぴったりの軽くて薄いものを探しているんだけど、何かいいのないかな？」と質問したところ、「パソコンでもいいかもしれないけど、iPad Proでいいんじゃない？　付属のキーボードも結構打ちやすいし、Apple pencilでイラストも描けるよ」という返答が返ってきました。iPad Proという選択肢は最初頭にありませんでしたが、友人のおかげで新しい選択肢が増え、結果購入し、今まさに快適に使っているところです。
　友人は、電化製品店やAppleで働いている人でも何でもありません。ただ、PCや家電製品が好きで、詳しいだけです。私みたいな電子機器が苦手な人間にとっては、友人のように、詳しくてわかりやすく説明してくれる人がいると本当にありがたいです。ブログも一緒です。読者は専門家ではなく、相談相手を求めています。
　あなたにも、「聞かれてもいないのに、友だちや家族につい話してしまったり、時間があればそのことについて調べたり考えたりしている」といったような、何か好きなことや得意なことはありませんか？
　仕事柄いつのまにか詳しくなっていても、日常生活の中に溶け込んで自分で認識できなくなっているということもあります。
　自分で思いつかなければ、周りの人に聞いてみましょう。自分では気づかなかったヒントが見つかるかもしれません。

● **誰でもひとつくらいは好きなことや興味があることがあるはず！
　それを探してみよう**

人より少し詳しいこと、誰かに相談されるカテゴリー、好きなことを探してみる

2　何を書いて何を売る？カテゴリーやコンセプトを決めよう！

② 初心者・入門者に伝えるイメージで書く

好きなことや得意分野について書く際に大切なことは、**初心者や入門者に伝えるイメージで書く**ということです。

好きだったり詳しかったりすると、その程度にもよりますが、すでにいろいろなことを知っているので、何も前提がない状態で書いてしまうことがあります。

わかりやすい例でいうと、**専門用語です。専門用語がわからない初心者に、専門用語ばかり使って説明しても「？？？」となってしまいますよね。**

私も、アフィリエイトについて説明しているブログでは、このことを特に意識して書くようにしています。

たとえば、WordPress、ASP、アドセンス、コンバージョンといった用語は、私にとってはあたりまえの言葉です。

しかし、これからブログやアフィリエイトをはじめる人の中には、当然「WordPressって何？」「ASPって何？」となる人がいるはずです。

それらについてきちんと説明しないと、読者はもっとわかりやすい記事を求めて離れていってしまいます。**1度書いただけでは見落とすことがあるかもしれないので、必ず初心者目線で目を通して、わからない言葉や説明がないか確認するようにしましょう。**

これくらいはわかるよね？
は、絶対になし！

初心者の気持ちで考えよう！

誰にでもわかる言葉で説明する

③ 伝わりやすさ・わかりやすさを大切にする

このように、読者の「？」をできるだけなくすように「わかりやすく丁寧に」を意識して書くようにしてください。

ポイントは次の3つになります。

わかりやすい文章を書くコツ

★ 専門用語はあたりまえのように使わず、必ず補足説明やイラストなどをつけて意味がわかるようにする

★ 話の内容が難しいものであれば、漢字を減らしてひらがなを多めにして書く

★ 手順について説明するときは、初心者が気になりそうな部分が抜け落ちないようにする

たとえば、自宅に光インターネット回線を引きたいと思ったとき、疑問や不安が多く、何度も検索をしました。そのとき、「とみっち」さんの記事が非常に参考になりました。

★ NURO光 徹底レビュー！　実際に使って速度や評判を徹底レビュー中！
http://thesaibase.com/nuro

利用エリアはどこなのか、マンションでも申し込めるのか、回線のスピードは早いのか、メリット・デメリットは……、などなどほしい情報が漏れなく書いてありました。しかも私のような超初心者でもわかるように、専門用語はできるだけ使わず、使っている場合でも補足説明が載っている記事になっています。

ひとつのカテゴリーに詳しくなればなるほど、初心者の気持ちを忘れてしまいがちなので、何回も何回も読み返して、普段使いしない言葉はないか、複雑な表現はないかチェックしましょう。

これは、ものすごく大切なポイントです

お勧めの内容 ❷
悩みやコンプレックスは共通

悩みやコンプレックスは、好きなことや得意分野よりも収益化しやすい内容がたくさんあります。悩んでいるということは、つまり解決したいということです。あなたも、何かに悩んでいるときにネットで検索するときは、「悩んだままでいいや」という気持ちではなく、「何とかして解決したい！」「何か解決策はないかな？」と思って検索しますよね。ここでは収益化しやすい悩みやコンプレックスを発信する大切さについてお話しします。

Check!
- ☑ 最も収益化につなげやすい内容が、悩みやコンプレックス関連
- ☑ 「体・恋愛・お金」は3大コンプレックス
- ☑ 自分をさらけ出すのが怖い人はどうすればいい？

1　悩みやコンプレックスは収益化しやすい

　悩みやコンプレックスは収益化しやすいです。
　なぜなら「稼げるカテゴリー」の多くも、悩みやコンプレックスと重なる部分がほとんどだからです。
　人がネットで何かを検索するとき、もしくは商品を購入したがるタイミングというのは、大きく分けて2つあります。
　ひとつは**快楽を得たいとき**です。「何か面白いことないかな」「どこか楽しいところに行きたいな」と思ったときのことを想像してください。自分のライフスタイルが豊かになりそうな情報、たとえば素敵な観光地の写真がたくさん載った旅行記を読んだら、そこへ行ってみたくなりますよね。文末に旅行パックの格安情報が載っていたら、ちょっとのぞいてみたくなりますよね。
　そしてもうひとつは、**苦痛から逃れたいとき**です。「つらい肩こりを解消したい」「別れた彼女と復縁したい」といった願望がこれにあたります。ネガティブな感情の解消ですね。
　比較してみると、後者のほうが切羽詰まっていて、「早く何とかしたい」という気持ちが強いです。

Advice 書く内容は大きく分けて2つある

ネット検索したり、買いたくなるのはどんなとき？	ブログの書き方	ブログの読者はどうなる？
快楽を得たいとき	ポジティブな悩みに答え、楽しそうという感情を刺激してあげる	そこへ行ったり、それを買ってハッピーになれる
苦痛から逃れたいとき	ネガティブな悩みに答え、同じ苦しみや痛みを共有しているという感情を刺激してあげる	問題解決の糸口を見つけ、解決できる

　そして、コンプレックスや苦痛の解消という悩みは人に相談しづらいんです。だから**ネットで同じ悩みを持った人がいないか、解決法がないか検索する**のです。そして、解決策もしくは解決できそうと思わせてくれる提案を見つけたとき、人は夢中になって記事を読み、よさそうな商品であれば購入するきっかけにもなります。

　たとえば、肩こりに悩んでいる人に向けてなら、あなたの肩こりの解消法を詳しく記事化してあげればいいのです。整体院に通うのでもいいですし、肩甲骨ストレッチの本を読んで毎日30分の運動を欠かさないというのでもかまいません。解決方法は人それぞれ違いますし、正解はひとつではありません。自分がやってみてよかった方法を紹介し、納得してくれた人が商品を買ったり、サービスに申し込んでくれたりするわけです。

　こういった**人の感情に的を絞った書き方をすると収益化しやすくなります。**

② 「体・恋愛・お金」は需要が高い

　では、具体的にどんなカテゴリーが悩みやコンプレックスと相性がいいのか見ていきましょう。
　相性がいいカテゴリーは、大きく分けて３つあります。それは、**体、恋愛、お金**です。どれも人生に深く関わるという点で共通しています。

Advice 需要が高い3大カテゴリー

悩みやコンプレックスと相性のいいジャンル	需要が高い理由
体	よく「健康第一」というように、健康を害していてはやるべきこともできないから
恋愛	人の性格や気質は千差万別なので、これといった絶対的な解決方法がなく、多くの人が悩むことだから
お金	生きるためには必須のもの。お金を稼ぎたい、お金のトラブルに遭ったなど、緊急を要する悩みであることも多いから

　もしこの3つの中に、あなたが悩んだことがあるカテゴリーがあるなら、ぜひ、これから書くブログのカテゴリー候補に入れてみてください。読まれて、かつ稼げる内容である可能性が高いです。

　ただ、近年のGoogleのアップデートにより、健康や美容、お金に関する内容の個人ブログの検索順位が上がりにくくなっています。一概には言えませんが、これらのジャンルは避けた方が無難な可能性もあります。詳しくは245頁に書いてあるので、そちらもご確認ください。

● 収益化しやすい3大カテゴリー

体・健康　　恋愛　　お金

3 「悩みやコンプレックスをさらすのは怖い……」と思う人へ

　ここまで、収益化しやすい、需要が高いといったことに関して書いてきましたが、最後に大切なことをお伝えします。

なかには「自分の悩みやコンプレックスについてインターネット上に書くのは怖い…」と考えている人がいるかもしれません。しかし、**悩みやコンプレックスについての解決策を見つけることは、その人が深く悩んでいればいるほど、このうえなくうれしいものです。**ときには、涙が出るほど喜んだり、ワクワクして興奮したりする人もいます。私がそうだったからわかります。

私は、ダイエットのことも書いてはいますが、もともとは「健康になりたい」という想いを持って、解決策を探しながら記事を書いていました。

肩こり、腰痛、坐骨神経痛、背中の痛み、呼吸が浅い、むくみがひどい……。大学1年生19歳にしてこれだけの体の悩みを抱えていて、毎日つらくてしかたがありませんでした。でも、調べに調べて解決の糸口となる情報を見つけたり、自分で立ち方や歩き方を研究したり、食生活を改善したり、いいと聞いた整体や鍼などを片っ端から試しているうちに、だんだんとよくなっていきました。

解決策となりそうなことが書いてあるブログを見つけたときはワクワクして読みましたし、実際に効果があったときには感動して感謝の気持ちをメールで伝えたりもしました。

そして、発信する側となった今では、私と同じ悩みを抱えていた人から感謝のメールをいただくことがあります。あなたが一生懸命悩んで考えたこと、解決しようとがんばって工夫したことは、解決策を探している人にとっては非常に参考になりますし、何より喜ばれます。

収益につながるのももちろんうれしいけれど、やっぱり自分が過去に悩んだことだから、「解決した！」と喜んでくれる人がいると、「勇気を出して伝えてよかった」となるのです。

最初から実名や身分や顔を出したりする必要はありません。いくらでも隠すことはできます。もちろん、実名や顔出しをしても問題なければ、公開してもかまいません。

あなたの悩んだ経験は、過去のあなたと同じように悩んでいる人にとっては、本当に参考になるはずです。

実名顔出しは
メリットデメリット
両方あるので、
個人の判断で
公開するかどうか
決めましょう

 悩みやコンプレックスについて書くのに抵抗がある場合

最初は自分のこと　→　● 匿名やブログネームやハンドルネームを使う
を書くのが怖い　　　　● 顔出ししないでやってみる

10

お勧めの内容 ❸
経験したことのあるライフイベント

好きなことや得意分野もピンとこない、悩みも特にないという人には、引越し、就職、結婚、子育てといった「ライフイベント」を書いてみることをお勧めします。あなたの経験をもとにした内容になりますし、ライフイベントならこれから経験する人が必ずいるので、高い需要が見込めます。また、これから何かしらのライフイベントを迎える予定の人は、ブログのネタになるということを意識して行動しましょう。

Check!
- ☑ 今まで経験したことのあるライフイベントを思い起こしてみる
- ☑ 誰もが経験するライフイベントだからこそ、いつまでも需要がある
- ☑ これからライフイベントを迎える人は、準備段階から考えたことや手順をメモしておく

① あなたが今までに経験したライフイベントは？

あなたのこれまでの人生を思い返してみてください。
　次の項目を例に、経験したことのあるライフイベントをチェックしていきましょう。

Advice　代表的なライフイベントチェック表

- □ 受験勉強　　□ 資格、語学の勉強　　□ 引越し
- □ 成人式　　□ はじめてのメイクアップ　　□ はじめてのクレジットカード
- □ はじめての1人暮らし　　□ 就職(就活)・転職・退職
- □ 結婚(婚活)・離婚　　□ 妊娠、出産　　□ 子育て
- □ 幼稚園の入園、私立小学校/中学校受験
- □ 家や車の購入　　□ 旅行　　□ 病気、ケガ・福祉、介護

　何かあてはまるものはありましたか？　特に「はじめての」体験はみんな怖いものです。みなさんもそうではありませんでしたか？
　私の場合、受験勉強、引越し、就職（就活）、転職、退職（フリーランス）、

旅行は経験したことがあります。はじめてのメイクアップやダイエットのやり方などで悩んだ記憶もあります。

複数からひとつに絞る場合は、自分が最も悩んだり考えたりしたことを選んでください。なぜなら、より詳しく具体的なことを書けるからです。

② あなたの経験は、これから経験する人の参考になる

ライフイベントについて書くメリットは、**これから経験する人が必ずいる**ということです。

悩みやコンプレックスほど切羽詰まってはいませんが、これから迎えるライフイベントをいかに楽しくすごすか、乗り切るか、みんなが気にすることなので、調べる人がたくさんいます。

また、好きなことや得意分野のところでも話したように、「人より少し詳しい」というのは、それだけですごいことなのです。**「何もしらない＝0」と、「少し知っている人＝1」の差は、非常に大きいのです。**

これと同じように、**「あるライフイベントを経験していない＝0」と、「あるライフイベントを経験した＝1」の差もものすごく大きいです。**

受験勉強も就活も結婚も、終わってしまえば何ともないことだったように思うかもしれません。しかし、これから迎える人にとっては、すごく大きい問題に感じます。経験したことがあるなら、そのまま寝かせておくのはもったいないです。

たとえば、「婚活」を例に挙げて考えてみます。

婚活のために身なりを整えたり、男性と出会う確率の高い場所に足を運んでみたり、男性への接し方を自分なりに工夫して変えたり、ダイエットしたり、メイクを学んだり。婚活ひとつとっても考えることや、やるべきことはい

ろいろあります。このような1つひとつのことを細分化して、**「婚活パーティーでの男性への接し方」「100人に聞いてわかった男性ウケのいいヘアスタイル」**といった項目が浮かんできます。

あなたの行動は、これから同じ活動をする人に向けての道標となります。

③ これからライフイベントを迎える人へ

本書を読んでいる人の中には、近々転職する、結婚する、旅行に行く、なんて人もいると思います。そういう人は絶好のチャンスです。

今すぐではなくても、今後書くタイミングが来たときのために、ネタとして取っておきましょう。

そのためには、**ライフイベントをただ「何となくすごす」のではなく、「意識してすごす」ことが大切です。**

たとえば、これから転職するなら、転職するまでの手順や時期、会社の人への伝え方など、何となくやるのではなく、すべて自分なりに調べて考えて、その行動や考えをすべてノートにメモしておきましょう。**このときはこんなことでうまくいった、失敗した、こう思ったなど、詳細に書き留めておくといいです。**あとから記事にするとき、このメモが非常に役に立ちます。

旅行についても同じです。

何となく旅行に行くと印象に残らない事柄も、「あとあと、ブログに書くことになるかもしれないから、1つひとつしっかり記録に残そう！」と意識してすごせば、自然とたくさん写真を撮ったり、お店の名前をメモしたりと、行動が変わってきます。

このように、これからライフイベントを迎えるという状態にいるなら、ぜひ心の準備をしておいてください。**意識して調べて考えて、メモを取ること。**

そうすれば、今後のブログのネタとしてストックすることができます。

Advice 　今後ライフイベントを迎えるときにやるべきこと

- ★ 「何となく」すごさず、意識する
- ★ 手順ややり方についてメモしておく
- ★ うまくいったコツ、不安に思ったことなども細かくメモする

11

文章の書き方 ❶ パソコンの向こうにいる読者のことを考えよう

ここまでの解説で、「何を書けばいいか」ということについては、ぼんやりとでも頭の中にできてきたかと思います。次は、あなたのブログを読む人のことについて考えてみましょう。これからあなたが書く文章は、「日記」ではありません。日記はあなただけが見るものです。訪問者が面白いと思ってくれなければ読んでくれないですし、収益をあげるなんて夢のまた夢です。ブログはあなた以外の人も見ることになるという点で、大きな違いがあります。ここでは、読者の姿を想像するための考え方について、見ていきます。

Check!
- ☑ ブログやアフィリエイトで、陥ってしまいがちなミスを防ぐ
- ☑ パソコンと向きあいつつ、常に読む人の姿を想像する
- ☑ 書きたいことを書いていいけれど、書きたいように書くのは少し注意が必要

① パソコンに向かっていても、読者の姿を想像して書く

　ブログ記事を書きはじめると、多くの時間をパソコンと一緒にすごすことになります。

　でも、これからブログを書くあなたには、機械と向きあいながらも、**見えない「読者の姿」を想像することが非常に重要**です。

　なぜなら、**読者の姿をイメージできなくなると、「具体性」や「リアリティ」が失われる**からです。

　あなただけが楽しい、理解できる文章を読まされる人の気持ちになってみてください。そんな独りよがりな文章なんて読みたくないですよね。そして、当然、読んでもらえなければ収益につながることもありません。

　あなたの文章を読む人をしっかり想像できるかどうか？ 考えてみてください。

　また、「具体的って難しいなあ……」と感じたら、**家族や仲のいい友人など、身近な人に読者になってもらう**のも手です。恥ずかしいかもしれませんが、読みやすい記事を書くためには必要な行動です。

最初から読者を意識するのが難しくても、続けていけば慣れてきます。とにかく大事なのは、**読者を想像する努力や意識は忘れない**ということです。

> **Advice** 読者の姿をリアルに想像する
>
> 見えない「読者の姿」をイメージできない ❌ → 「読者の姿」をイメージする努力や意識を忘れない ⭕
>
> 具体性やリアリティが失われる

② 「書きたいことを書きたいように書く」のはちょっと違う

次に、「好きなことを書く」「書きたいことを書く」ことについての注意点をお話しします。

「08 お勧めの内容❶ 好きなこと・得意分野を熱量たっぷりに伝える」で、「好きなことや興味がある分野について書くといい」とお話ししましたが、ここでどうしてもお伝えしておきたいことがあります。

それは、**「書きたいことを書くのはもちろんいいけれど、あなたのルールで何でも自由に書いていいのとは少し違う」**ということです。

せっかくあなたが書きたいことや伝えたいことがあるのに、それが伝わらなかったら意味がありませんよね。

たとえば、**何かを説明するのなら、初心者目線で丁寧にわかりやすく、専門用語は使わない**ようにします。

さらに、一文一文にこだわりの表現方法を使ったり、詩的であったり、ソムリエがワインのイメージを伝える例えであったりを使いたくても、それは読み手にとっては「？」となることがよくあります。

ちょっとキツイ言い方でいってしまうと、**自分に酔っている**だけです。

最初は好きなように書いてみて、どうも読まれない、伝わってないような気がすると感じたときは、難しい言葉や専門用語を使っていないか、二重否定（〜ないということはない）などのわかりにくい言い回しがないかどうか、比喩表現などのこだわりが強すぎていないかなどをチェックしましょう。

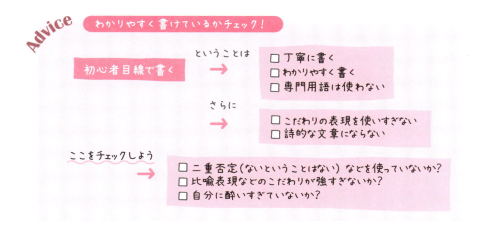

言葉の表現自体を複雑にしなくても、**内容がしっかり組み立てられていれば、シンプルな言葉で伝わる**ものです。**箇条書きでもいい**んです。

とにかく自分以外の誰かが読んだときに、どう感じるのかを想像しましょう。想像してもわからなければ、ここでも身近な人に読んでもらいましょう。もちろん、**書きたいことを書いてかまわないのですが、書きたいように書くことに関しては、自分のこだわりが出すぎることがあるので、注意してくださいね。**

「文章力がないんです」と相談されることがあるのですが、そういったものは必要ありません。難しい表現方法や普段使わない言葉で堅苦しく書くのではなく、シンプルでわかりやすい、いつも使っている言葉で、相手に伝わるように意識すれば十分なのです。

12 文章の書き方 ❷ あなたのブログの読者像（ペルソナ）を考えよう

前節では、「読者の存在を強く意識しよう」とお話ししました。そこで、今度はもう少し深掘りして、あなたのブログの読者像を具体的に考えてみましょう。読者像のかわりに「ペルソナ」や「ターゲット」といった言葉が使われることもあります。

Check!
- ☑ 読者想定が「ダイエットしたい人」では浅すぎる
- ☑ 読者像は具体的なほどいい
- ☑ 過去の自分を読者に置き換えてみる

1 あなたのブログの読者はどんな人？

　あなたが何をどんな風に書こうとしているかによって、読者像は大きく変わってきます。
　私のダイエットブログを例に考えてみましょう。
　ダイエットについて発信するんだから、読者像はもちろんダイエットしたい人でしょ？　と思うかもしれません。もちろんそうなのですが、「ダイエットしたい人」だと浅すぎます。
　ダイエットしたい人なんてそこら中にいるし、ダイエットしたい人全体に声をかけても、その声はなかなか届きません。 人数が多すぎるからです。
　そこで、もっと深く深く、具体的に考えていきます。
　たとえば私は、**自分のダイエット経験をもとに書いているので、年代は同じくらいの人に向けて書くと伝わりやすいはずと考えました。**
　さらに、「運動が苦手」「食べることが大好き」「面倒くさがり」「甘いものが大好き」「下半身が太りやすい」といった私の性格や太り方の傾向もあわせると、**同じような体質で同じような悩みを抱えている人に向けて書くと共感してもらえる**という仮説を立てました。
　そういうわけで、私のブログの読者像は、次のような人になります。

Advice 　**私のブログの読者像**

★ 20代になって痩せにくくなってきた人
★ 食べることが大好きだけれども、運動はできるだけしたくない人
★ 面倒くさいことはせず、できるだけ楽にシンプルに痩せたい人
★ 甘いものをやめられなくて困っている人
★ なかなか下半身や脚が痩せなくて途方に暮れている人

　このように具体的にイメージし、記事を書いていくようにしました。
　すると、見事にこの想定読者層の心に刺さり、「すごく共感した」「夢中で読んだ」などとコメントをもらうことが多くなりました。
　同年代で同じような悩みを抱えている女性の友人から「読んだよ！」と言われることがあって、その度に「書いてよかった！」と思いました。
　このように、**まずは広い読者像を考え、そこから年代や状況に沿って具体的な読者像を掘り起こす**ようにします。
　たとえば、サッカーについて書くなら、サッカーに対してどういう立場にいる人に向けて書くのかをまず考えます。
　「サッカーを観るのが好きな人」「プレイをするのが好きな人」「サッカーの効率的な上達方法を知りたい人」「ゴールキーパーの技術向上を目指している人」「疲れにくいスパイクを探している人」など、さまざまな目的を持った人がいます。恋愛について書くなら、どんな恋愛をしている人に向けて書くのかを考えましょう。「性別や年代」「まさに今恋愛中の人」「振られて落ち込んでいる人」「なかなか彼氏・彼女ができない人」「遠距離恋愛中の人」など……このテーマも本当にさまざまです。

幅広い読者像から、具体的な読者像へ絞り込んでいけるように、自分の中でアイデア出しの感覚でやると楽しいですよ！

Advice 　**ブログの読者像と見つけ方**

読者像を大きなくくりから、深く深く絞り込んでみる 読者像はいくらでも考えることができるので、その中から、書きやすい読者像を選ぶ

② 過去の自分を読者像にすると書きやすい

　読者像を過去の自分に設定して記事を書くと、とても書きやすくなります。あなたの経験や知識をもとにして記事を書くわけですから、**「まだその経験や知識がなかったころの自分」に向けて説明してあげる**、たったこれだけで読者像をイメージしやすくなります。

　私の場合なら、ダイエットで痩せる前と痩せたあとでは経験や知識の量が圧倒的に違います。

　ということは、痩せる前の私と同じ悩みを持った人に向けて、痩せるために役立った経験や知識について詳しく書けば、読み手の心に響く内容になるということです。

　わかりにくければ、A4の紙を用意してください。A4の紙を横向きに置いて、左側に「昔の自分」、右側に「今の自分」と書き、それぞれの状況や気持ちを書き出していきます。

　そして、**左側の昔の自分を、ブログの読者像に設定**します。

　さらに左から右に矢印を書き、昔の自分から今の自分に変化するまでに取り組んだことについて考え、ブログに書く内容の土台とします。この**「取り組んだこと」が体験であり、学習であり、これからダイエットにチャレンジしたい人が必要な情報＝ブログ記事になる**わけです。

13 商品の紹介のしかた まずは自分の身の回りにあるモノを紹介してみよう

最初は、あなたが使ったことがある身近な商品を紹介するのがお勧めです。その商品を使うメリット・デメリットなどがすでに頭に入っているはずですし、使う際のポイントや、普段どのように使っているかなど、もしかしたら誰よりも詳細に書くことができるからです。私もはじめはこの方法で商品を紹介していきました。

Check!
- ☑ すでに持っているもの、使っているものの中から、紹介する商品を探す
- ☑ その商品を必要としているのはどんな人かを考える
- ☑ どのように紹介したら魅力的に伝えられるかを考える

① あなたの身の回りにあるものをリストアップする

あなたがいつも使っているものを、目の前に集めてみるか、リストアップしてみましょう。

私の場合は、いつも使うメイク道具、ダイエット器具などがあります。

ほかにもパソコンなどの電子機器、服や帽子といったファッション関連のもの、サプリメントなどの健康食品があります。ちょっと注意を向けるだけで、日常生活でこれだけの商品やサービスに囲まれているのです。

それでも思いつかなければ、自分の1日を朝から順に思い返してみましょう。朝起きるときに使う目覚まし時計やアプリ、洗顔フォームや化粧水、ブラシ、ドライヤー、歯ブラシ、靴、洋服、バッグ、音楽アプリ、読書中の本、ToDoリストのアプリ、文房具、パソコンやスマホ、デスク周りの便利グッズなど……。

あなたの身の回りのものを1つひとつ丁寧に思い出してください。

まずは、ブログで紹介するしないにかかわらず、リストアップしてみてください。**その中で、愛着があるもの、便利だと思うものなど、特に好きなものを選び、紹介する商品の候補とします。**

商品をもとにアフィリエイト広告を探して、見つかれば貼ってみる、という流れです。

Amazonや楽天といった巨大なネットショップがあるので、だいたいの商品を紹介することができます。
　まずはひとつ、「これだ！」と思うお気に入りのモノを選び、ブログで紹介する候補を決めましょう。

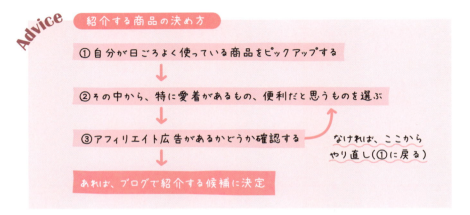

2　商品を必要とする人の特徴を想像する

　次に、その商品を必要としている人を想像してみます。
　紹介するための第1歩として、**その商品を使ってよかったことや、逆によくなかった点を考えてみます。**
　たとえば、私はまつげ美容液を紹介したことがあります。根元に塗って、まつげを育毛するというもので、私自身効果を実感しました。
　「これは、今までめんどうくさいなと思いながらも、まつげエクステやつけまつげを使い続けていた人にお勧めできる」と思い、読み手をイメージして紹介することにしました。
　また、自分のまつげを生やすことになるので、「すっぴんに自信が持てるようになりたい！」という人にもお勧めできそうだと考えました。
　ただ、難点もありました。それは、価格が高いことです。
　1万3,000円くらいするので、「まつげ美容液1本にそこまでかけられないよ」という人には、もしかしたら魅力的ではないかもと思ったのです。
　このように、**こんな人にはお勧めできる、ただしこんな人にはお勧めできない、と購入意欲がある読者層をしっかりイメージしていきます。**

まずは商品をお勧めできるポイントをひと通り紙やメモに書き出し、そこからさかのぼってメリットをもたらしそうな人の特徴を想像してみてください。

③ 商品を魅力的に見せる方法

最後に、どんな風に紹介すれば商品が魅力的に映るかを考えていきます。
読者は、そもそも商品がほしいわけではありません。「あれ、そうなの？それってどういうこと？」と思ったかもしれません。

ここで突然ですが、「ジムに行くこと」について考えてみてください。

ジムに通う人は、「ジムに通いたい！」と思ってジムに通うのでしょうか。きっと、そうではなく、「ジムに通ったら細くてキレイな体を手に入れられるかも」、もしくは「ジムに通ったら筋肉がついてカッコいい体になれるかも」などと考えて通うはずです。

つまり、**ジムに行くこと自体が目的なのではなく、目的はあくまで「細くてキレイな体になること」「筋肉のついたカッコいい体になること」なのです。**

それを達成するためにジムが最適だと思い、ジムに通うという選択をするわけです。

このことを考えると、**「その商品を使って得られる未来」をしっかり想像させることが、商品を魅力的に見せることにつながります。**素敵な未来を想像してもらうには、実感した効果を文章や写真で表したり、「現状がこんな風に変わった！」というように伝えたりすることが効果的です。

たとえば、ダイエットに関連する商品でいえば、ただ「これを使って痩せた」とひと言で表現するのではなく、ほかのもっと細かい体の変化も書いていくようにします。

「肌がキレイになった」「便秘が治った」「冷えが改善された」「寝つきや寝起きがよくなった」「体が軽く感じるようになった」など、体に起きたいい変化を見逃さずに書き留めて紹介すると、読者も「そうなりたい」と共感を得られるようになります。

● 共感を得られる1文を添える

> 『美容液ダイエットシェイク』を実際に飲んでみた感想
>
> このダイエットシェイクを飲む時に気をつけたいのは、**水や牛乳をしっかり冷やした方がいい**ということです。
>
> 一回冷やさないで作ったら、すっごい飲みにくくなりました（泣）
>
> 冷やして、ちょっと多めの水（か牛乳）で割った方が飲みやすいし美味しいです💕
>
> 栄養たっぷりで無添加ということもあって、安心して飲むことができました。
>
> 2週間置き換えただけなので、大幅な体重減少はありませんでしたが、**肌がキレイになったり便秘が解消されてお腹がペタンコになったりなど、今のところ良い変化ばかり**です。
>
> 興味がある方はぜひ試してみてくださいね！
>
> 美容液ダイエットシェイクを注文する！

> ただ「痩せた」とひと言ですませるのではなく、もっと細かい体の変化も書くようにする

　ひと言ですませずに、上記の例のように具体的に書くと、読者自身が利用している自分を想像することができるので、「私もそんな未来を手に入れられるかも」とワクワクさせることで、商品購入に結びつきやすくなります。

私もこんな風になれるかも！

ワクワクする気持ちをリアルに感じてもらえるように書く

2　何を書いて何を売る？カテゴリーやコンセプトを決めよう！

14 サービスやお店の紹介のしかた 使ったことのあるサービス・お店を洗い出してみよう

商品の次は、あなたが使ったことのあるサービスや、行ったことのあるお店を紹介するケースを考えてみます。たとえば、エステ、脱毛クリニック、ジム、レストラン、カフェなど、近所のお店でもお気に入りの公園でも、規模もカテゴリーも関係なく思い出してみてください。旅行などの本格的な外出でなくてもかまいません。パッと思いつくお店やサービスがあれば、それをイメージしながら読み進めていってください。

Check!
- ☑ 読者に疑似体験をさせる
- ☑ これから行く人が知りたいことを丁寧に紹介する
- ☑ 写真は可能であれば撮っておこう

1 読者を「その場所に行った気分」にさせる

　サービスやお店の紹介で重要なのは、**読者を「そこへ行った気分」にさせる**ことです。
　たとえば、「ディズニーランドに行ってきました！」と丁寧に写真つきで紹介されている記事を見たら、何だかワクワクしてきませんか？
　私はカレーが大好きなので、「おいしいカレー屋さんに行ってきた！」と詳細にカレー屋さんが紹介されている記事を見ると、食べたくてしかたなくなってきます。
　このように、**丁寧に魅力的に紹介されていればいるほど、読者の「行きたい！」という欲は高まっていきます。**
　では「どのように紹介したら魅力的に映るのか？」考えてみましょう。

2 「新しいお店に行くときに知りたいことって何？」を解決する

　もしもあなたが、最近新しくできた隣駅のレストランに行くとしたら、どのようなことが気になりますか。想像してみてください。

私なら、「駅からお店までの道のり」「メニューの種類」「値段」「広いか狭いか」「どんな雰囲気のお店か」「接客はどうか」といったことが気になります。
　最低限、アクセスやメニューの種類はチェックしておきたいと感じます。
　あなたも、自分なら何を知りたいか、もっと読者が知りたいことはないか、考えてみてください。
　行くまでのこと、行ったときのこと、行ったあとのことを時系列に沿って書いていくと、読者も実際に行った気分になります。イメージとしては、**「ツアーガイド」**です。
　また、載せるのはお店の情報だけではありません。ここが、魅力的に映るかどうかの違いだと思っています。
　それは、**「感情」**です。
　あなたがそのお店に行ってどう思ったのか、どう感じたのかは、読者にとって非常に重要です。
　たとえば、先ほど挙げた項目の後半の「どんな雰囲気のお店か？」「接客はどうか？」などがこれにあたります。
　どちらも、人によって感じることは違います。
　もちろん行くタイミングや店員さんによっても変わってくるでしょうから、あくまでも基準は**「あなたが行ったときの感想」**なのです。
　「友だちとワイワイというよりは、落ち着いたデートにぴったりだと思った」「いいタイミングでお水を注ぎにきてくれてうれしかった」などと詳しく書いて、読者がイメージしやすいようにしましょう。

2　何を書いて何を売る？カテゴリーやコンセプトを決めよう！

読者のアクションを引き出すブログの書き方

ex. お店の紹介記事

詳しいツアーガイド
・駅からお店までの道のり
・メニューの種類
・値段
・広いか狭いか

＋

実際に行った人の「感想」
・どんな雰囲気のお店か
・接客はどうか

3 写真もしっかり撮っておく

お店側で写真撮影がNGでなければ、写真は必ず撮っておきましょう。

写真は読者をそこへ行った気分にさせ、具体的な行動をさせるのにとても有効なものです。

たとえば、お店のレビュー記事を見ていて、写真が1枚もないものと、入り口、内装、料理などの写真が使われているものとだったら、後者のほうが魅力的に感じますよね。

百聞は一見にしかずということわざもありますが、長々と文章で解説するよりも写真1枚ですんでしまうことはよくあります。それだけ写真のパワーは強いんです。

ただ、**撮影する際はお店の許可も取って、まわりのお客に迷惑がかからないようにしましょう。**

第4章でお話ししますが、撮った写真をそのまま載せるのもいいのですが、ひと手間かけてより魅力的に見えるよう、明るくしたり色調を変えてから記事に挿入すると、より魅力的になります。

● **お店の外観・内装・お料理などを撮って載せる**

15 「雑記ブログ」の勧め

私はダイエットと美容に興味があってそのことばかり書いているので、自分のブログを「ダイエット・美容ブログ」と位置づけています。もちろん、「いろいろなことに興味がある」「書く内容をひとつに絞れない」という人もいるでしょう。そういう人は、ひとつのカテゴリーに絞らず、「雑記ブログ」として複数のカテゴリーを織り交ぜたブログを運営することをお勧めします。特化ブログと雑記ブログの違いや、雑記ブログのメリットについて見ていきましょう。

Check!
- ☑ 特定のカテゴリーや興味のある分野がなければ、いろいろ書いてみよう
- ☑ 特化ブログと雑記ブログの違い(雑記ブログはキャラ推しでいくほうがいい)
- ☑ 書くことに制約が生まれないのがメリット

① ひとつのテーマに絞れないなら「雑記ブログ」にしよう

「何か興味のあることを書こう」とお話ししましたが、**興味のある分野をひとつに絞らなければいけないという決まりはありません。**

自由に好きなことを書いていいのがブログの強みなので、もしカテゴリーが絞れないなら、「雑記ブログ」として運営していくことにしましょう。

たまに、最初の段階から雑記ブログと特化ブログの両方をつくって、2つとも運営しようとする人がいるのですが、それはあまりお勧めしません。

あれもこれもではなく、ひとつに集中したほうが絶対に効率がいいからです。ブログを書くというのは日常生活の大きな変化です。ひとつのブログでも変化に対応するのは大変なわけで、一気に複数のブログを更新できる初心者はいません。無理にやろうとすると、ブログを書くこと自体、嫌になってしまいます。

もし迷ったら、**まずは雑記ブログでやってみて、「このカテゴリーの記事多くなってきたな。まだまだ書けそう!」と思ったら特化ブログを別に立ち上げるという順で、取り組む**のをお勧めします。

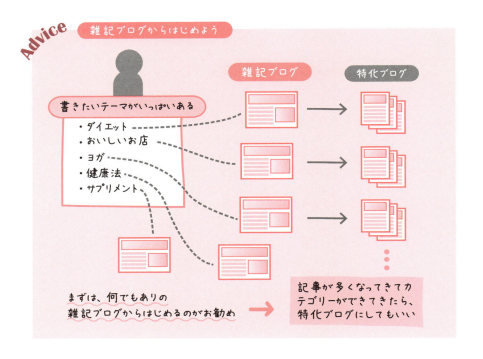

2 特化ブログからはじめるか雑記ブログからはじめるか

「特化ブログと雑記ブログって何が違うの？ どっちがいいの？」と聞かれることがあります。

まず、私が運営しているような**特化ブログは、特定のカテゴリーに興味がある人が読み続けてくれることが特徴**です。

ダイエットブログなら、今後もダイエットに関連する記事が更新されていくと予想されるので、ダイエットしている（ダイエットに興味がある）人は読み続けようと思ってくれることが多いです。延々と検索エンジンから読者を獲得してくるのは大変です。何回も読みにきてくれるリピーターを増やしていくことで、アクセス数も安定するし、情報を信頼してくれているので紹介した商品やサービスに抵抗なく申し込んでくれる可能性も高まります。

それに対して、**雑記ブログは、書く人のキャラクターが重要**になります。

カテゴリーが絞られていない分、その人独自の視点が面白かったり、文章の書き方に特徴があったりすると人気が出て、どんな記事を書いても読まれ

るようになります。実際、人気ブロガーは多数のファンがいたりします。**検索エンジンと同時に、Twitterを中心としたSNSでも拡散されやすい**傾向があります。本書のインタビューに答えてくれている、「今日はヒトデ祭りだぞ！」（http://www.hitode-festival.com/）はまさに雑記ブログの代表格です。

　どちらがいいということではなく、あなたの場合はどちらがあっているのかを考えて、特化ブログか雑記ブログか選ぶ基準にしてみましょう。

③ 雑記ブログなら、書くことに制約が生まれないので続けやすい

　雑記ブログの最大のメリットは、**「書く内容に制約がない」**ことです。

　私の場合、ダイエットブログ（特化ブログ）なので、ダイエットと関連していない情報はあまり載せないことにしています。もちろん、単なるライフログ的なカテゴリーをつくって書いてみてもいいとは思うのですが、そういう内容が多くなってくると読者が混乱するからです。

　一方、これが雑記ブログなら、自由に書いていいことになります。

　「これはダイエットと関係ないから……」とネタをボツにすることもありません。

　そういう点で、**雑記ブログはネタ探しに困ることがあまりないので、そのために続けやすいという特徴を持っています。**

● ダイエットブログはダイエット以外のことは書きにくい
https://ruka-diet.com/

　また、私の場合は、ダイエット、脱毛、アフィリエイトの特化ブログをそれぞれ運営していますが、同時運営は2つ、もしくは3つが限界だと感じるので、特化ブログにしても雑記ブログにしても、まずはひとつのブログに集中して運営するのがお勧めです。
　特化ブログと雑記ブログのメリットとデメリットを考えたうえで、どちらか自分にあったものを選んでみてくださいね。

Chapter - 3

実際にブログをつくって記事を書いてみよう！

いよいよ、実際に手を動かしてブログをつくり、記事を書き、商品を紹介する準備をしましょう。最初はよくわからなくても、やっているうちに慣れていきます。全体の流れをつかみながら、ひとつずつ進めていってくださいね。

16 やること再確認 ブログで稼げるようになるまでの全体の流れを確認しておく

いよいよここから実践に入っていきます。まずは、「今後の流れと注意点」について、実践に入る前に改めて再確認しておきましょう。ブログをつくり、アクセスを集め、稼げるようになるまで、具体的にするべきことを見ていきます。はじめてで戸惑うことが多いかもしれませんが、次第に慣れてくるのでがんばってください。

Check!
- ☑ 最初の難関は、ブログサービスやアフィリエイトサービスプロバイダ（ASP）に登録し、使うことに慣れること
- ☑ 稼げるまでの期間は人それぞれだが、継続が重要
- ☑ 試行錯誤しながらコツコツ記事を積み重ねていくことが大切

1 ブログで稼ぐためにやるべきこと

第2章までで、基本的なことはすべて学んできたことになっています。第3章以降で学ぶことを見ておきましょう。

Advice 　手順　稼げるブログのつくり方

- ☐ ブログサービスを選ぶ
- ☐ ブログのタイトルを決める
- ☐ ブログをつくる
- ☐ アフィリエイトサービスプロバイダ（ASP）に登録する
- ☐ Amazonアソシエイトに登録する
- ☐ 楽天アフィリエイトに登録する
- ☐ 記事を書く
- ☐ ASPで広告を探す
- ☐ 商品を紹介する
- ☐ 報酬やクリック数を確認する

稼げるまでの期間に注目しない！

　第1章で触れましたが、稼げるまでの期間は人それぞれなので、正直何ともいえません。ですから、稼げるまでの期間には注目しないでほしいと思っています。
　期間に縛られすぎると、挫折する要因となります。たとえば、「3カ月で月1万円稼ぐ」というのは、自分でコントロールできることではありません。それに対して、「3カ月間毎日1記事を書く」だったらどうでしょうか。こちらは、自分でコントロールが可能です。

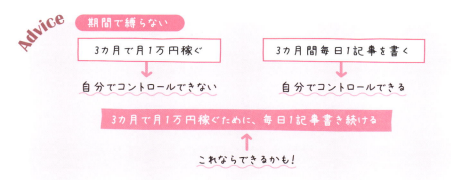

③ 試行錯誤と習慣づけがすべて

　これから行うことはすべて、**試行錯誤と習慣づけ**、この2つがとても重要です。記事を書くにしても、広告を貼るにしても、「もっとわかりやすい記事が書けないか？」「もっといい広告の貼り方はないか？」と、嫌というくらい試行錯誤してください。
　また、**記事を書く、収益やアクセスをチェックするといったことを習慣にして、継続していく**必要があります。
　この本では、「全体の流れをざっくりと覚える（第3章）」⇒「応用的なやり方・テクニックを知る（第4章）」⇒「できることからやってみる」⇒「成功したらさらにできることを増やす、失敗したらその原因を考える（第5章）」の流れで進めていきます。第3章で基本的なルーチンができるようになれば、第4章はスムーズに入っていけるはずです。

無料ブログサービスの選び方
どのブログサービスがいいの？

「よし！ ブログをつくろう！」と意気込んではみたものの、「ブログってどこでつくればいいの？」と疑問に思う人も多いかと思います。もちろん私もそうでした。無料ブログサービスを検索してみると、たくさん出てきます。調べてみると、WordPressでつくるのがいいとも出てきます。最初から費用をかけて、独自ドメイン（URL）やレンタルサーバーを借りて、WordPressで運用してもかまわないのですが、初心者はまず記事を書くことに集中できる無料ブログサービスからスタートすることをお勧めします。

Check!
- ☑ アフィリエイト可能なブログサービスを選ぶ
- ☑ 最も使いやすくSEOに強い「はてなブログ」がお勧め
- ☑ 運営に慣れてきたらWordPressへの移転も可能

1 各無料ブログサービスの違いと選び方

　ブログサービスは、さまざまな会社が無料で提供しています。有名なところでいうと、アメーバブログ、SeeSaaブログ、livedoorブログ、FC2ブログ、CROOZブログ、はてなブログなどがあります。私はそれぞれ違いが気になって、少なくとも上の6つにはすべて登録し、実際に使ってみました。違いがあると感じたのは、次の5点です。

Advice 比較・無料ブログサービス

		Ameba	Seesaa	livedoor	FC2	CROOZ	はてな
A	使いやすいか？	○	○	○	△	△	◎
B	アフィリエイトはできるか？	△(認められたもののみ)	○	○	○	○	○
C	SEOには強いか？	○	○	○	○	○	◎
D	テンプレートの種類が豊富か？	△(CSS編集不可もある)	○	○	○	△	◎
E	独自ドメインは使えるか？	×	○	○	○	×	○

この中で、❹から❺までの4点を踏まえて比較検討したところ、**「はてなブログ」がトップ**でした。また、独自ドメインが利用可であることから、のちにWordPressに移行したい場合もスムーズに進むと考えました。

● はてなブログの登録画面
https://blog.hatena.ne.jp/register

　一般的にはアメブロが有名ですが、アメブロは指定されたアフィリエイトプログラム以外は利用できなかったり、メンテナンスが多かったりというデメリットがありました。そのほかのブログは管理画面が使いにくかったり、表示スピードが安定していなかったりということがありました。

　メリットデメリットを比較したうえで、私は最初「はてなブログ」に絞って運営することに決めました。その結果、順調にアクセスは伸び、アフィリエイトの収益もアクセス数に比例して伸びました。更新をやめて別のブログに移転したあとも、昔のブログがずっと収益をあげてくれています。**ちゃんとしたブログをつくっておくと資産になる**んです。

　ちなみに、私は現在**「WordPress」**というしくみを使ってブログを運営しています。WordPressは、わかりやすくいうと**ブログやサイトをつくるための便利なシステムの名称**のことです。このシステムを使うためには、自分でお金を払ってレンタルサーバーやドメインを契約しないといけません。

　WordPressを選ぶメリットは、ブログサービスを運営する会社に制限されない（ルール・規約などがない）、デザインの自由度が高い、などがあります。そういう点で無料のブログサービスを使うよりも安心なのですが、もともとインターネット関連に詳しい人でないと抵抗が強いと考え、今回は紹介するのをやめました。

私も最初は無料ブログから入って、慣れてきてからWordPressに変更したので、ここではそういうものもあると知っておくだけで十分です。

Advice 比較・無料ブログとWordPress

	無料ブログ	WordPress
費用	なし	サーバー、ドメイン代
難易度	初心者向け	中級者〜上級者向け
デザインの自由度	ブログサービスのテンプレート、HTML・CSS編集制限あり	完全に自由
ルール・規約の制限	ブログサービスの運営会社による	サーバーの規約をクリアしていれば問題なし

　ブログやアフィリエイトはお金がかからないリスクゼロというのが強みなので、**まずは無料ブログで試してみて、物足りなくなってきたら自分でレンタルサーバーやドメインを契約して本格的に運営していきましょう。**

　ちなみに、私が運営している次の2つのブログもWordPressを使っています。

● WordPressを使用したブログ例

ルカルカダイエット
https://ruka-diet.com/

ルカルカアフィリエイト
https://ruka-affiliate.com/

2 はてなブログのメリット・デメリット

　これからあなたが使うことになる「はてなブログ」について、メリットとデメリットを見ておきましょう。
　はてなブログは、「本当に無料でいいの？」と感じるくらい魅力的なブログサービスです。なかでも、管理画面（ブログ投稿画面）の見やすさや使いやすさは抜群です。
　本書を通じて、あなたに発信してもらいたいこと、書き残していってほしいと「私が考えるブログ」と、はてなブログが発表している「はてなブログを通じて、書き残してほしいこと」とは重なる部分がたくさんあります。まず、**「はてなブログの目指す場所（http://hatenablog.com/guide/policy）」**を読んでみてください。

　そして、**はてなブログはアフィリエイトの利用は可能ですが、収益が主目的だと規約違反になる恐れがあるので、自分のメッセージ（記事）をメインに、アフィリエイトは関連する商品やサービスを紹介する程度のバランスで運営しましょう。**必ず**「はてなブログのガイドライン（http://help.hatenablog.com/entry/guideline）」**に目を通しておいてください。
　はてなブログのメリットには、次のようなものもあります。

> **Advice　はてなブログのメリット**
> ★ SEOに強く、検索順位が上がりやすい傾向がある
> ★ デザインのテンプレートが豊富で、カスタマイズの自由度も高い

　注意が必要なのは、Googleアドセンスです。無料版だとはてな側の広告が表示されてしまいます。これを消して自分の広告枠を得たい場合は、有料プランに入る必要があります（月額600円〜）。私の場合は、少し様子を見てアクセスが伸びてきたところで有料プランに切り替えました。
　またSEOに強いのも、はてなブログの素敵なところです。最初からアクセスを得やすい環境にいると、継続するのも楽しくなってきます。
　最後に、デザインはたくさんのデザインテンプレートがあり、かわいいものからカッコいいもの、シンプルなものまでさまざまで、HTMLやCSSに詳

しい人はカスタマイズもわりと自由に行うことができます。

　そのため、「はてなブログに見えない！」と思うくらい完成度の高いブログにしあげている人もいるほどです。

　このように、はてなブログにはたくさんのメリットがあります。

　それに対してデメリットは、やはり会社側のルール・規約に縛られることです。たとえば、広告に関しては「公序良俗に反する広告や成人向けの広告の掲載」などを禁止事項としています。

> **Advice** はてなブログのデメリット
> ★ 公序良俗に反する広告や成人向けの広告の掲載ができない

　もちろん普通に使う分には問題ありませんし、私の周りのブロガーやアフィリエイターもはてなブログを使っています。初心者だけでなく、中級者から上級者まで利用できるのがはてなブログの特徴でもあります。

メリットの多さを考えると、無料ブログならはてなブログ一択です。

③ はてなブックマークによって一気に有名になることも！

　最後に、はてなブログの素敵なところをもうひとつお話ししておきます。

　それは、**「はてなブックマーク」**（http://b.hatena.ne.jp）という機能です。「はてブがついた」などとよくいいますが、**はてなブックマークがある一定期間の間に一定数つくと、新着エントリーや人気エントリーとして、記事が紹介されます。**そうするとブログに注目してくれる人が増えますし、アクセスも伸びます。いわゆる「バズる」ということで、一気に認知度が上がるきっかけになるのが「はてなブックマーク」の特徴なのです。

　はてなブックマークで話題性を集めるためには、読者の心を動かすような刺激的な記事タイトルや、充実した記事内容、魅力的な写真など、さまざまな要素を組みあわせる必要があります。

　上級者であれば意図的にバズをねらいにいくこともできますが、初心者のうちはバズをねらうのではなく、あくまで自然に自分らしく運営しているうえで、はてなブックマークされることがあればいいなと考えましょう。

18 ブログのタイトルの決め方
ブログのタイトルを考えよう

ブログの第一印象を決めるともいえる、「タイトル」を考えてみましょう。タイトルを考える際、ちょっとしたポイントを押さえておくと、今後のアクセスの伸びがよくなったり、読者が増えたりするきっかけになります。また、キャッチコピー（サブタイトル）の考え方、タイトルに関する注意点も見ていきましょう。

Check!
- ☑ ブログのタイトルは「わかりやすい」「覚えやすい」が基本
- ☑ キャッチコピー（サブタイトル）はどうする？
- ☑ タイトルを頻繁に変えるのはNG

1 ブログのタイトルの決め方

タイトルの決め方には、コツがあります。

もちろんあなたの好きなタイトルをつけるのが1番なのですが、せっかくブログをつくるからには読んでもらうことを前提にしたタイトルをつけるべきです。

記事を書くときと同じように、読者目線での「いいタイトル」について考えてみましょう。まず、**ダイエットやファッションなど、何かに特化したブログなら、どんなカテゴリーかわかるようなタイトルであること**が望ましいです。

さらに、**そのカテゴリーに関連のある、よく検索されそうな言葉を入れておくと**、あとあとそのキーワードで検索上位を取る可能性があります。

例 ダイエット ⇒ ダイエット、脚やせ、姿勢、食事など

ちなみに、私の初期のタイトルは「正しい姿勢で脚痩せしよう」でした。実際に、「姿勢」「脚痩せ」の2つのキーワードによるアクセスがたくさんありました。

雑記ブログなら、カテゴリーが絞られていない分あなたの名前を入れたり、コンセプトを考えてタイトルに反映させたりするやり方がお勧めです。

> **例** カテゴリーが絞られていない雑記ブログ
> ⇓
> 「毎日がちょっと楽しくなるようなことを書きたい」など、何かしらの想いがあれば、それをタイトルに込める

　特化、雑記いずれにしても**「すぐに声に出して読める」「長すぎない」**ことが重要です。いくら思い入れのあるタイトルでも、英単語を自分でもじってくっつけたりしたら読者が読めないということがあります。これでは覚えてもらいにくく、もしあなたのブログを誰かに教えたくても、すぐに伝えることができなくなってしまいます。
　タイトルは明確に、わかりやすいものにしましょう。
　多少こだわりたくなっても「このタイトルは読者にとってどんな風に見えるかな？」とエゴを捨て、客観的に考えるようにしましょう。

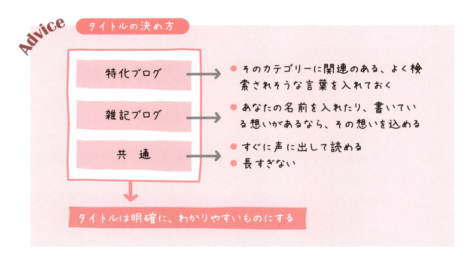

Advice　タイトルの決め方

- 特化ブログ → そのカテゴリーに関連のある、よく検索されそうな言葉を入れておく
- 雑記ブログ → あなたの名前を入れたり、書いている想いがあるなら、その想いを込める
- 共通 → すぐに声に出して読める／長すぎない

タイトルは明確に、わかりやすいものにする

キャッチコピーの決め方

次に、キャッチコピーを考えてみましょう。

キャッチコピーというのは、タイトルの上下によく小さく表示されている、サブタイトルのようなものです。タイトルでは表しきれなかったコンセプトなどを入れるようにします。

たとえば、私の場合、タイトルは「ルカルカダイエット」ですが、これだけではどんなダイエットブログかわかりません。名前とダイエットという言葉を組みあわせたもので覚えやすいとは思いますが、それ以上の情報はありません。そこで私は、**「『やせたら人生変わった！』をかなえたい女の子のためのリアルなブログ」**とキャッチコピーを設定しました（今は変更しています）。

「ダイエットして人生変えたい！　自信を持ちたい！」と思う女の子は多いはず。そして、そういう人のモチベーションを上げ、行動を変えるきっかけになりたい！　と思ってこのフレーズを入れました。

ダイエットブログの中には、インターネット上の情報や書籍の内容を寄せ集めたものなどもありますが、私は自分の体で実験してその結果を伝える、もしくは自分で考えて行動して情報を伝えていくことが好きなので、「リアルな」という言葉を入れました。

また、私自身がダイエットをしてだんだん自分に自信を持てるようになり、ファッションやメイクなどさまざまなことに興味を持てたので、同じような女の子が増えればいいな、と思ってこのキャッチコピーにしました。

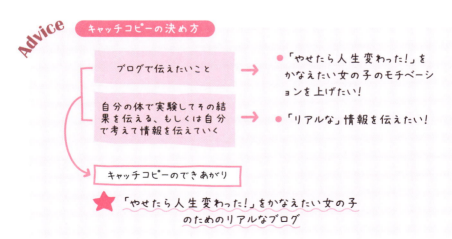

このように、「伝えたいことって何だろう？」「書く目的って何だろう？」という疑問からさかのぼって決めるのもありです。
　また、ここはSEO的にも大事な部分です。
　もし**タイトルに大事なキーワードを入れられなかったり、「キーワード的に弱い」と感じたりする場合は、キャッチコピーにキーワードを含めるようにしましょう。**そうすることでSEO的にも強くなります。

③ タイトルに関する注意点

　最後に、タイトルに関する注意点です。
　タイトルは頻繁に変えないようにします。理由としては、「**タイトルを覚えてもらうため**」「**検索で引っかかるようにするため**」の2つです。
　記事のタイトルが変わるのはまだしも、ブログ自体のタイトルがコロコロ変わると、「あれ？　しょっちゅう変わるなあ」「前見たの、このブログだっけ？」というように読者が違和感を持ってしまいます。
　そうならないためにも**タイトルはよく考えて決めて、ブログ移転や方向性の変更など、何か特に大きな出来事がないかぎり変えない**ようにします。愛着を持てるピンとくるタイトルを考えて、末長く運営していきましょう。

読者が戸惑わないように、ブログタイトルは大きな出来事がないかぎり変えなくてすむように、じっくり考えよう

ブログのつくり方

はてなブログに登録しよう

はてなブログに登録し、実際にブログを立ちあげるまでは、本当に簡単です。ブログを立ちあげたら最低限の設定を行い、すべての項目をひと通り見てみましょう。最初はわからないところもあるかもしれませんが、時間のあるときにいろいろ見て、少しずつ使いこなせるようになっていってください。

Check!
- ☑ はてなIDを取得し、ブログのURLを決める
- ☑ ブログのタイトル、アイコン、説明を入力しよう
- ☑ アイキャッチ画像と検索エンジン最適化の設定をする

1 はてなブログの登録方法

はてなブログの登録方法は、非常に簡単です。次の手順に沿ってやってみましょう。

手順1 はてなブログの公式サイト（http://hatenablog.com）の右上にある「ブログ開設（無料）」ボタンをクリックする。

クリックする

3 実際にブログをつくって記事を書いてみよう！

手順2 次の画面で「はてなIDを作成」をクリックする。
※ すでに「はてなアカウント」を持っているのなら、その下の「ログイン」の部分をクリックする。

手順3 はてなID、パスワード、メールアドレス、生年月日を入力する。はてなIDは、自分の好きで、覚えやすいものでも何でもかまわない。画像認証をしたら、1番下の「入力内容を確認」をクリックする。

手順4 「入力内容を確認」をクリックして、次の画面で内容を確認して間違いがなければ「登録する」をクリックする。登録したメールアドレスに届く「【はてな】本登録のお願い」のメールに記載されている「本登録用URL」をクリックし、ブログ作成に進む。

手順5 ブログのURLを決めるとなるとちょっと悩むかもしれないけれど、基本的に自由なので、ブログの内容に関連する単語や自分の名前を含めるとわかりやすい。前半部分は自分の好きな文字列でかまわない（ブログのタイトルや名前を英語にした、ruka-diet、ruka-affiliateなど）。後半は、自分の好きなものを選ぶ（.hatenablog.comや.hatenadiary.comが多い）。

手順6 ブログを公開したい人の範囲は「すべての人に公開」を選び、「ブログを作成」ボタンをクリックし、グループ設定画面であてはまりそうなものを選んだら、ブログ作成完了！

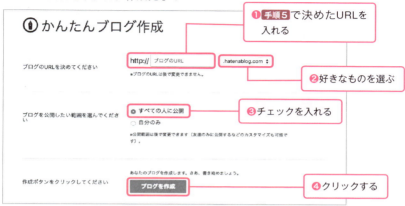

ブログの作成自体はこれで完了です。このあと、簡単な設定をしていきます。

② 基本設定・詳細設定をする

「基本設定」「詳細設定」は、本当にブログの基本中の基本の設定です。次の手順に沿ってやってみましょう。

手順1 はてなブログにログインして、上部のバーに表示されている「あなたのはてなID」をクリックする。プルダウンメニューから「ダッシュボード」をクリックする。

手順2 表示された「ダッシュボード」が、ブログの設定を行ったり、記事を書いたりする画面。まず、いくつか必要最小限の設定をしておく。最初に、左側のバーの真ん中あたりにある「設定」をクリックする。「基本設定」では、「ブログ名」「ブログアイコン」「ブログの説明」を設定する。

基本設定が選択されている

❶「ブログ名」は、前節「⑱ブログのタイトルを考えよう」で決めた「タイトル」を入れる

❷「ブログアイコン」は、あなたのブログを表す画像。ブラウザのタブやお気に入り、スマートフォンのホーム画面などに表示されるので、必ず設定しておく

❸「ブログの説明」は、あなたのブログが何のブログかを読者に理解してもらうためのもの。読者が読みたくなるような説明を入れる

手順3 次に、「詳細設定」タブをクリックする。「詳細設定」では、「アイキャッチ画像」「検索エンジン最適化」を設定する。

❶「アイキャッチ画像」はあなたのブログがSNSなどでシェアされたときに表示される画像。これがないと、シェアされたときに寂しい感じになってしまうので、必ず設定しておく

❷「検索エンジン最適化」はSEOのこと。「ブログの概要」と「ブログのキーワード」を設定することで、Googleに「私のブログにはこんな情報がありますよ」と伝えることができる

❹ ブログのキーワードは、多すぎない程度に4〜5つ入力する。私は「脚痩せ,姿勢,ダイエット」の3つを入れている。キーワードは [,] カンマで区切るのを忘れないように

そのほかの項目について

❷でお話ししたのは、本当に最低限の項目です。ほかの項目もぜひチェックして、少しずつ設定を進めていきましょう。特に「デザイン」はあとあとよく使うことになるので、要チェックです。それでは、それぞれの項目について簡単に見ていきましょう。

● そのほかの項目

記事の管理	今まで書いた記事の編集・管理を行う
カテゴリー	記事のカテゴリー管理。名前の変更や削除をしたい場合はここから行う
コメント	読者からのコメントや自分の返信などをまとめて管理する ※ コメントを承認制にしたい場合、またはコメントを受けつけないようにしたい場合は、「基本設定」から変更する
アクセス解析	大まかなアクセス解析をチェックすることができる
デザイン	テンプレート（テーマ）を変更したり、サイドバーの項目の編集、スマホから見たときのレイアウトなど、ブログの見た目に関することを設定する
インポート	ブログの移転の際に使う
ブログメンバー	ブログを複数人で運営したいときに使う
アカウント設定	ニックネーム、プロフィールアイコン、AmazonアソシエイトID、Twitter連携、Facebook連携などの設定を行うことができる ※ アカウントの設定も、余裕があればぜひ行っておく

　SNSでシェアする場合は、各SNSとの連携も必須です。今後、**最も使うのは「記事の管理」と「デザイン」**なので、しっかり覚えておいてください。
　ブログ作成お疲れさまでした！

❸私は、ブログの概要は「脚痩せ・ダイエットしたい方のためのブログです。姿勢・食生活・運動・エクササイズなどダイエットに関する情報を発信しています！」と書いている。ダイエットがメインテーマのブログなので、ダイエットに関するキーワードを含めつつ書くようにするといい

❺「検索エンジンに登録させない」にチェックを入れてしまうと、検索から人が来なくなってしまうので、チェックは入れないでおく

20 ASPの選び方　ASPって何？登録するべきお勧めASPは？

アフィリエイトでは、「ASP」への登録が必須です。ASPを日本語で表すと、「アフィリエイトのサービスを提供する仲介会社」という意味になります。ここに登録しておけば、簡単に無料でアフィリエイトをはじめることができるようになります。ブロガー・アフィリエイター、広告主、ASPの三者の関係も見ていきましょう。

Check!
- ☑ ASPとは「アフィリエイト・サービス・プロバイダ」のこと
- ☑ ブロガー・アフィリエイターと広告主の橋渡しをしてくれる仲介会社
- ☑ 無料登録して広告を探し、ボタンひとつで提携できる

1 ASPって何？

ASPとは、「アフィリエイト・サービス・プロバイダ」の略です。

先ほど書いたように、「アフィリエイトのサービスを提供するところ」という意味になります。

簡単にいうと、**ASPは、ブロガーやアフィリエイターと広告主をつなぐ、仲介会社**のような役割です。

● ASPの役割

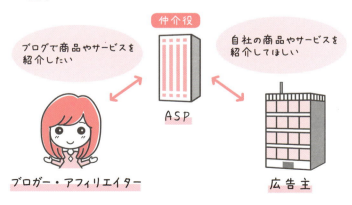

もしASPがなかったら、ブロガーやアフィリエイターは、自分たちで企業に直接コンタクトを取らなければいけなくなります。1件1件、自分のブログにマッチする商品やサービスを探し、メールを送るわけです。それではブロガーやアフィリエイターも大変ですよね。

　逆もまた然りで、広告主（メーカー）は自社の商品やサービスを紹介してくれる発信者を探しています。とはいえ、たくさんの広告担当者を抱える企業ばかりではありません。たったひとりで広告を考えている会社は数多くあります。仕事もたくさん抱えているので、新たな発信者なんてなかなか探せないですよね。

　そうした面倒なことを省くために、広告を一括管理して仲介してくれているのがASPなんです。ASPがあるおかげで、ブロガーも企業もアフィリエイトがしやすいしくみができあがっています。

② 登録すれば簡単に広告を掲載できる

　私も最初、「ASPはどうやって使うの？」「提携するには厳しい審査があるの？」「ブログにまだ記事がないのに大丈夫なのかな？」などなど、不安に思っていたのですが、実際に登録しようとしてみたら、あまりに簡単すぎて拍子抜けしてしまいました。

　登録さえしてしまえば、提携ボタンを押して、コードをコピーして広告を掲載と、あっという間に広告をブログに載せることができます。

「通常のASP」と「クローズドASP」

　ASPには**「誰でも登録できるもの」**と、**「クローズドASP」**と呼ばれる登録できる人がかぎられているものと、大きく分けて2種類あります。

　最初は、誰でも登録できるところに登録しておけば問題ありません。クローズドASPは、ブログの知名度や収益があがっていくにつれて、運営会社から連絡が来たり、ブロガー仲間から紹介されたり、ある程度の実績が必要になるので、ひとつの目標にしておきましょう。

　クローズドASPは、実績のあるブログ運営者を中心に広告の展開をしているので、通常のASPよりも報酬が高いことが多く、一般のASPにはない案件があることが特徴です。あとあと登録できるように日々がんばりましょう。

　まずは、通常のASPに登録して作業を進めていきます。

最初に登録しておくべきお勧めASP

実際に登録する作業は次項で行うとして、ここでは最初に登録しておくべきASPを紹介します。

ASPは、日本国内に何十社とあります。

初心者のうちは、案件数が多いところに登録しておくのが1番です。なぜなら、案件数の分だけ選択肢が増えるからです。登録しておいたほうがよくて案件数の多いASPは、次の4つです。各ASPによってそれぞれ特徴があります。

登録しておきたいお勧めASP

	ASP名	特徴
☐	A8.net	日本最大級の案件数を誇る
☐	afb(旧アフィリエイトB)	美容系に強い
☐	アクセストレード	ゲーム系の案件が多い
☐	バリューコマース	独占の広告が多い

この中でもダントツで使いやすいのが**「A8.net」**です。管理画面が使いやすく、レポート画面も見やすくて、初心者でも抵抗なく使えます。A8.netの登録方法については、次節で詳しく見ていきます。

● 日本最大級の案件数を誇るA8.net

21 ASPに登録する 日本最大級のASP「A8.net」に登録しよう

前項でいろいろなASPを紹介しましたが、最初からすべてのASPを使いこなすのは難しいです。私もブログをはじめた当初はたくさんのASPに登録しましたが、結局使っていたのはひとつか2つで、半年くらい経ってから、やっとほかのASPも見られるようになりました。最初に選ぶASPなら、私もアフィリエイトをはじめた当時からずっと使っているA8.netがお勧めです。

- ☑ 最初からたくさんのASPを使いこなすのは難しい
- ☑ まずは「A8.net」に登録しておけば間違いない!
- ☑ 余裕ができたらほかのASPにも登録し、案件の詳細を比較しよう

1 はじめから一気に複数のASPを使いこなすのは難しい

初心者は、使うASPを絞ったほうがやりやすいです。

もちろん、試しに登録だけしておいていろいろ見てみるのはいいのですが、実際使うとなるとすべてを使い分けるのは大変だとわかるはずです。

管理画面の使い方だけでもASPごとに異なりますし、もちろん案件数も案件の内容もすべて変わってきます。最初はひとつのASPの使い方に慣れるだけでも大変なのに、一気にたくさんのASPを使うとなれば、案件を探すことが負担になってしまいます。それでは元も子もありません。

また同じ案件でも、ASPによって報酬額や承認率が変わってくるのですが、それもはじめから確認することはなかなか難しいです。

「同じ広告を掲載するなら条件のいいものがいい」というのは、みんな考えることです。

しかし、**さまざまなASPに登録して1つひとつ確認していく手間を考えると、最初はやらなくてもいいです。**

ひとまず案件数の多いA8.netから広告を探し、それを掲載しておいて、あとで余裕ができたときにほかのASPを確認していっても大丈夫です。またブログのアクセス数が伸びてくれば、こちらから探さなくても、ASP側からも

っといい条件で案件を紹介してくれることもあります。

そういうわけで、はじめから複数のASPを使いこなそうとして疲れてしまうよりは、まずはひとつのASPに絞って慣れるようにしましょう。

では、実際にA8.netに登録していきましょう！

2 案件数が日本最大級のA8.netに登録しよう

A8.netへの登録は、7ステップで終わります。次の手順に沿ってやってみましょう。

手順1 A8.netの公式サイト（https://www.a8.net）にアクセスし、左側のサイドバーにある「無料会員登録」をクリックする。

手順2 メールアドレスを入力し、画像認証、利用規約に同意して、1番下の「仮登録メールを送信する」をクリックする。

手順3 登録したメールアドレスに届く「[A8.net]メディア会員登録のご案内」のメールに記載されている「登録用URL」にアクセスする。

「A8.net」から届いたメールの[登録用URL]をクリックする

手順4 ログインID、パスワード、住所、生年月日、氏名などの「基本情報」を入力して、1番下の「サイトをお持ちの方」をクリックする。

基本情報を入力する

手順5 つくったはてなブログのURLなど、「サイト情報」を入力して、「口座情報を登録する」をクリックする。

サイト情報を入力する

手順6 報酬が振り込まれる銀行口座など、「口座情報」を入力して、1番下の「確認画面へ」をクリックする。

口座情報を入力する

手順7 内容を確認し、登録完了！

　A8.netは特に厳しい審査もないので、登録したあとすぐに利用できるのが素敵なところです。ログインすると、非常に見やすい管理画面が現れます。また報酬が発生すると、ハチのキャラクター「エーハチくん」がお知らせしてくれます。

　エーハチくんがはじめて出現したときは、本当に感動しました。エーハチくんが現れることを楽しみにしてがんばっていきましょう。はじめてのASPの登録、お疲れさまでした！

❸ 余裕ができたらほかのASPにも登録し、案件の詳細を比較しよう

　最初はひとつのASPに絞るべきといったものの、**余裕が出てきたらほかのASPと条件の比較をしたほうがいい**です。なぜなら、**あるカテゴリーに強いASPがあったり、同じ案件でも単価が違うことがある**からです。

　そういう意味で、今後徐々に視野を幅広くしていくのがいいでしょう。私は最初A8.netを中心に使い、そのあと美容系に強い「afb（旧アフィリエイトB）」を利用する機会が多くなりました。

　ほかにもいくつか登録して、今では約10のASPを使い分けています。

　あるASPにしかない案件があったり、成果地点のハードルが低かったりすることもあります。今まで見つからなかった案件も、別のASPを見てみたらあったということは意外とよくあるケースです。

　私も各ASPを使い慣れた今では、同じ案件を検索して探したり、ASPごとの条件を比較して、**「最もいい条件のところで提携」**するようにしています。

「お問いあわせフォーム」をつくっておく

　また、ブログを運営していると、ASPのほうから「登録しませんか？」と声がかかることがあります。

　そういうときのためにも、「お問いあわせフォーム」はブログ内に早めに設置しておくことをお勧めします（「**51** はてなブログ簡単カスタマイズ❸ お問いあわせページをつくる」参照）。

　こんな連絡が来たら、念のためどのようなASPか、どんなカテゴリーに強いのか、使い勝手はどうかなどを、事前に調べたうえで提携すると安心です。

Amazonアソシエイトに登録しよう

ここでは、アフィリエイトをするなら登録必須といえる「Amazonアソシエイト」に登録する方法を見ていきます。あなたは、Amazonで買い物したことはありますか？ 今や家具からパソコン、紙の書籍や電子書籍、CD、DVD、雑貨まで、ほとんどのものをAmazonで買いそろえるという人も多いのではないでしょうか。私も、よくAmazonで買い物をしています。そんなAmazonでも、商品を紹介してアフィリエイト報酬を受け取ることができるのです。

- ☑ 物販なら、Amazonアソシエイト登録は必須
- ☑ 品数が豊富だから、売りたいものを自由に選べる
- ☑ Amazonアソシエイトの料率は商品によって変わる

① Amazonアソシエイトに登録するメリット

　Amazonは、何といっても紹介できる商品の種類が豊富です。ないものはないのではと思うくらい、何でもそろっています。
　ということは、買うときはもちろん、売るときも商品は選び放題です。A8.netなどのASPはたしかに広告数は豊富ですが、紹介できる商品がどうしてもかぎられてしまいます。
　一方Amazonアソシエイトなら、たいていの商品を見つけて紹介することができるのです。ここが1番のメリットです。
　さらに、Amazonプライム（年間3,900円で配送特典やプライムビデオ・ミュージックなどの特典を受けられるお得な会員制プログラム）の紹介料を受け取れるシステムもあり、使いようによっては数十万単位かそれ以上と、大きな金額を稼ぐ人もいます。
　また、はてなブログなら簡単にAmazonアソシエイトと連携して商品を紹介することができます。この機会にぜひ登録しておいてください。ただし、記事がある程度ないと審査に落ちる場合があります。記事を5～10くらい書いてから登録するようにしましょう。

3 実際にブログをつくって記事を書いてみよう！

Amazonアソシエイトの登録方法

　Amazonアソシエイトへの登録は、6ステップで終わります。次の手順に沿ってやってみましょう。

手順1　Amazonアソシエイトの公式サイト（https://affiliate.amazon.co.jp）にアクセスし、右側の「無料アカウントを作成する」をクリックする。

手順2　Amazonのアカウントを持っている場合は、そのままサインインする。持っていない場合は、メールアドレスを入力し、「初めて利用します」にチェックを入れてサインインする。

手順3　氏名や住所など、「アカウント情報」を入力して、1番下にある「次へ」をクリックする。

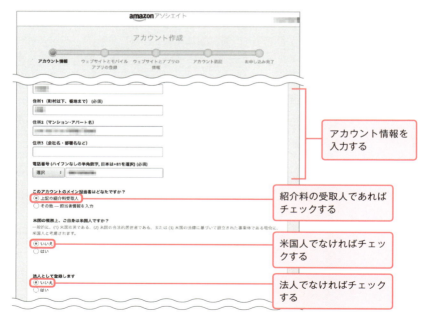

手順4 「ウェブサイトの登録」をして、1番下にある「次へ」をクリックする。

URLを入力する

手順5 登録IDは自分の好きな文字列でかまわない。ブログのURLを入力して、ブログの内容と紹介したい商品について簡単に説明するなど、「ウェブサイトの情報」を入力する。下にある画像認証をしたら、「次へ」をクリックする。

ブログの情報を入力する

手順6 PINコード認証を行う。電話を使うことになるが、特に怖いことは何もないので大丈夫。すぐ下の注意書きに沿って、電話番号を入力する。「今すぐ電話する」をクリックすると、PINコードが表示され、すぐに電話がかかってくる。自動音声案内にしたがってPINコードを入力し、「完了」ボタンをクリックして登録完了！

支払い方法の選び方

　登録後すぐでも、しばらくしてからでも、どちらでも大丈夫です。ギフト券は500円以上、銀行振込は5,000円以上で受け取ることができます。ただ

し、銀行振込は一律300円の振込手数料がかかるので、普段Amazonで買い物することがあるならギフト券での受け取りがお勧めです。私もギフト券受け取りにしています。

Amazonアソシエイトの審査に落ちた場合

　Amazonアソシエイトの審査に落ちる人もたまにいます。そんなときは落ち込まず、対処法を考えましょう。私も何回か落ちたのち、審査が通りました。原因としては次の2つが考えられます。

❶ ブログの問題	記事数が少ない。内容として不適切なことを書いている
❷ アカウントの問題	今まで、そのアカウントで買い物をしたことがない

　私は❷だったようで、どうしても通らなくて試しに本を1冊買ってから再度申請したら通った、ということがありました。ただし、これはあくまでも1例なので、それは関係ないという意見もあります。いずれにせよ、原因を探り再度申請してみましょう。
　2020年3月以降、規約が変更され、審査の申し込みをしてから180日以内に少なくとも3つの販売実績が必要となりました。3件以上の販売実績が確認されてから、本格的に審査が開始するとのことです。そのため、ある程度アクセス数が集まってから申請する方が通りやすいかもしれません。

③ Amazonアソシエイトの料率はどれくらい？

　Amazonアソシエイトの料率について見ておきましょう。

● Amazonアソシエイト・プログラム紹介料率表
　https://affiliate.amazon.co.jp/promotion/advertisingfeeschedule

紹介料率	商品カテゴリー
10%	Amazonビデオ(レンタル・購入)、Amazonコイン
8%	Kindleデバイス、Kindle本、Fireデバイス、Fire TV、デジタルミュージックダウンロード、Androidアプリ、 食品&飲料、お酒、服、ファッション小物、ジュエリー、シューズ、バッグ、Amazonパントリー対象商品
5%	ドラッグストア・ビューティー用品、コスメ、ペット用品
4%	DIY用品、産業・研究開発用品、ベビー・マタニティ用品、スポーツ&アウトドア用品、ギフト券
3%	本、文房具/オフィス用品、おもちゃ、ホビー、 キッチン用品/食器、インテリア/家具/寝具、生活雑貨、手芸/画材
2%	CD、DVD、ブルーレイ、ゲーム/PCソフト(含ダウンロード)、カメラ、PC、 家電(含 キッチン家電、生活家電、理美容家電など)、カー用品・バイク用品、腕時計、楽器
0.5%	フィギュア
0%	ビデオ、Amazon Dash Button、Amazonフレッシュ
紹介料上限(*)	1商品1個の売上につき1000円(消費税別)

※ 上記商品カテゴリーに含まれない商品に関しては、紹介料率2%となります。

料率とは、「売れた金額の何パーセントを受け取ることができるのか？」という割合のことです。Amazonでは、商品カテゴリーによって、料率が分けられています。なかでも、10％と料率が高めなのはAmazonビデオのレンタルと購入、そしてAmazonコインです。その次が8％のKindleデバイス、Kindle本、食品＆飲料、お酒、服、ファッション小物などがあります。本やCD、DVD、ゲーム、PCなどは2～3％と低く、フィギュアに関しては0.5％となっています。

　Amazonプライムの紹介料は1人につき500円（過去キャンペーンで3,000円のときもあった）です。

　あなたが紹介する商品はどの商品カテゴリーが多くて、それはどれくらいの料率なのかを頭に入れておくと、収益を計算する目安となります。

はてなブログとの連携方法について

手順1 はてなブログの「ダッシュボード」から、「アカウント設定」→「基本設定」と進み、「AmazonアソシエイトID」のところで自分のIDを入力する。

AmazonアソシエイトIDを入力する

手順2 「記事を書く」の画面右側のAmazonアソシエイトのアイコン **a** をクリックすれば、簡単に商品を検索して記事内で紹介することができる。

クリックする

23 楽天アフィリエイトに登録しよう

Amazonだけでなく、楽天で買い物する人もたくさんいます。こちらもAmazon同様、規模の大きなインターネット通販サイトです。アフィリエイトシステムを利用することで、楽天で扱っている商品を紹介することができます。「Amazonアソシエイト」とセットで、ぜひ登録しておきましょう。

- ☑ 楽天アフィリエイトにも登録することで、読者の選択肢を増やせる
- ☑ Amazonアソシエイトと同様、商品の数が豊富
- ☑ 楽天アフィリエイトの料率は低めだけど、再訪問期間が30日間と長い

1 楽天アフィリエイトにも登録するメリットとは？

　Amazonアソシエイトも楽天アフィリエイトも似たようなものだし、登録するならどっちかでいいんじゃない？　と思う人もいるかもしれません。しかし、世の中にはAmazonでしか買わない人と楽天でしか買わない人がいます。使い慣れているほうを使いたいとか、ポイントを貯めたいとか、人によって決まってきてしまいます。

　たとえば、あなたが紹介している商品を、いつも楽天で買い物している読者が「これほしいな」と思ったとします。そのとき、もしAmazonのリンクしかなかったら、読者はどうすると思いますか？

　きっとあなたの記事から離れて、同じ商品が楽天にないかどうか検索するはずです。**もし記事内にAmazonのリンクも楽天のリンクも用意されていたらそこから買ったかもしれない**のに、もったいないですよね。

　こうしたことを防ぐためにも、できるだけ複数の選択肢を読者に与えられるようにしておきましょう。

　もしAmazonのリンク、楽天のリンクと、同じ商品のアフィリエイトリンクを何度もつくるのが面倒だったら、一気に複数のアフィリエイトリンクを作成してくれる「カエレバ（http://kaereba.com/）」「ヨメレバ（http://yomereba.com/）」といったサービスを使ってもいいでしょう。こちらは人気ブログ「わかったブログ（http://www.wakatta-blog.com/）」のかん吉

さん作成で、無料で公開されています。

　さらに「カエレバ カスタマイズ」などと調べると、リンクをボタンにして見栄えをよくする方法がたくさん出てくるので、ぜひ参考にしてみてください。

● 一気に複数のアフィリエイトリンクを作成してくれるブログパーツ

ヨメレバ　http://yomereba.com/

● ヨメレバで作成したブログパーツを貼ったイメージ

ルカルカダイエットの記事　https://ruka-diet.com/diet-books/#i-3

　話は戻って、大事なのは**「読者の選択肢を増やす」**ということです。
　必要なアフィリエイトリンクを用意して読者の手間を省き、さらに報酬も得るという、一石二鳥の方法を取ってください。

② 楽天アフィリエイトの登録方法

　楽天アフィリエイトへの登録は、6ステップで終わります。次の手順に沿ってやってみましょう。

手順1 楽天アフィリエイトのトップページ（https://affiliate.rakuten.co.jp/）の左上にある「メニュー」をクリックする。

手順2 次の画面で左側に表示されたメニューの中から「ログイン」をクリックする。

手順3 楽天会員の人はログインする。楽天会員に登録していない人は「楽天会員に新規登録（無料）」をクリックする。

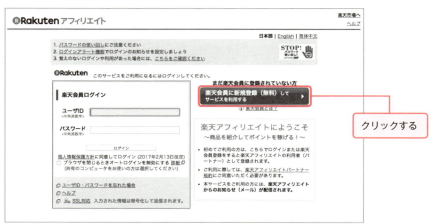

手順4 メールアドレスやパスワード、氏名などの会員情報を入力し、個人情報保護方針を読んで、「同意して次へ」をクリックする。

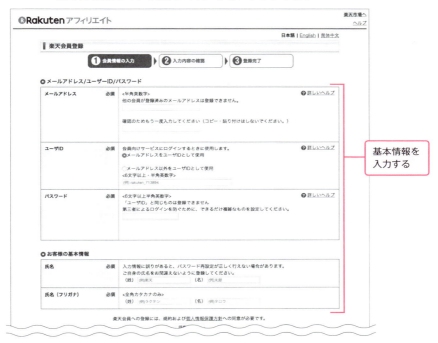

手順5 「入力内容の確認」画面で入力内容を確認し、「登録する」をクリックする。

手順6 「登録完了」画面が表示されるので、「続けてサービスを利用する」をクリックする。

楽天アフィリエイトのトップページ右上にある「レポート」をクリックするとクリック数や売上件数、売上金額、成果報酬を確認できます。

③ 楽天アフィリエイトの料率はどれくらい？

　楽天アフィリエイトの基本的な料率は「1%」です。Amazonと比較すると、低いといえます。
　ただし、**楽天アフィリエイトのお得なところは、クリックの有効期間が長い点**です。つまり、読者が広告をクリックして、すぐに何かを購入して成約に至らなくても、後日の再訪問で成約として認められるということです。これが、楽天は「30日間」となっています。一方、Amazonは「24時間」なので、クリック有効期間（クッキーが有効な期間）は圧倒的に楽天のほうが長いのです。
　そういうわけで、たしかに料率は低いけど、再訪問で報酬が発生しやすいのは楽天です。「料率1%か……」と思うとちょっと悲しくなるかもしれませんが、先ほどもお話ししたようにコツコツ貯めれば、それなりのポイント数になります。せっかくなのでAmazonも楽天も両方使って、収益源としてみてくださいね。

24 はてなブログで記事を書いてみよう

ひととおりの登録が終わったら、記事を書いて広告を貼る練習をしてみましょう。ここでは、記事の書き方についてざっくりお話しします。記事の書き方に関するコツなどの細かいことは第4章で詳しくお話しするので、本項では各項目の概要について見ていきます。

Check!
- ☑ 記事を書くときの全体の流れを覚えよう
- ☑ タイトル、本文、カテゴリー、カスタムURL、アイキャッチ画像の設定を忘れずに！
- ☑ 見直しや誤字脱字チェックは読者に対する最低限のマナー

1 記事を書く全体の流れ

まず、記事を書く際の全体の流れについてです。しっかり埋めておいたほうがいい項目は、次の5項目です。

Advice 記事を書くときに、埋める項目

☐ タイトル ☐ 本文 ☐ カテゴリー ☐ カスタムURL ☐ アイキャッチ画像

はてなブログのダッシュボードの左上のほうにある「記事を書く」を選び、項目ごとに本書と照らしあわせながら見ていってください。

● はてなブログの「記事を書く」画面

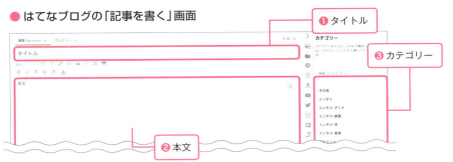

❶ 私はまずタイトルから決める

　キーワードを含めたタイトルを先に決めておくと、記事を書いたときに最初から最後までブレにくくなります。ですから、どんな記事を書くのかという事前準備も大切ですし、キーワード候補も抽出しておく必要があります。

　タイトルは**「こんな人に読んでほしいな」**ということも含めて決めます。

　こうすることで**「誰に対して書くか」が明確になるので、自然と本文もブレにくくなる**のです。

　とはいえ、絶対にタイトルから決める！　というわけではなく、最初に本文を書いて、あとからタイトルをつけるのがやりやすいなら、それでもかまいません。実際にやってみて自分にあった方法を選んでください。

❷ 本文は１番大事

　どんなにタイトルがよくても、本文がスカスカな薄い内容だったら、すぐに読者は帰ってしまいます。本文については第４章で記事の書き方について細かくお話ししているので、そちらを参考にしてみてください。

❸ 本文を書いたあとは、カテゴリーを決める

　カテゴリーの決め方は、最初はとりあえず、**「検索されそうな言葉」で分類していく**といいでしょう。

> **例**
> 骨盤矯正について書いた記事なら、「姿勢」「ダイエット」などのカテゴリーをつくるイメージ。骨盤矯正の記事が多くなりそうであれば、そのまま「骨盤矯正」というカテゴリーをつくってもかまわない。

　カテゴリーのまとめページも検索でヒットすることがあるので、念のためキーワードを意識して分類していくといいです。

　「最初からそこまで考えられない」と思った人は、あとからいくらでも調整可能なので気にしなくて大丈夫です。

❹ カスタムURLを忘れずに設定する

カスタムURLには、その記事を表す英単語を入れます。

例
「ダイエットにぴったりの朝食」について書いた記事なら、「diet-breakfast」のようにする。もちろん日本語ローマ字で「diet-choushoku」もあり。

単語は「-」でつなげることができます。ただし、あまり長すぎても見にくいので、最大でも4つくらいに収めるようにしましょう。

日本語で「朝食ダイエット」とすると、URLをコピーしてどこかに貼りつけた際に、英数字が乱立した状態になります。

例
「https://ruka-diet.com/朝食ダイエット」というURLをコピーして貼りつけると、「https://ruka-diet.com/%E6%9C%9D%E9%A3%9F%E3%83%80%E3%82%A4%E3%82%A8%E3%83%83%E3%83%88」となってしまう。

これでもアクセスはできますが、URLが長くなってしまい見づらいのと、どこかに貼りつけた際に途中で折り返されて表示され、英数字のリンクが切れてしまったり、漏れが生じる可能性があることを考えると、英語のほうが安心です。

記事の内容を英語で意味がわかるようなURLにしておくと、ほかのブログやサイトで直接URLが貼られた際にも、単語が含まれているためにすぐにどんな内容なのか判別できるのと、あとあとWordPressに移行したくなったときにURLを変更する手間が省けます。

また、Googleでも次のように推奨しています。

> **Advice** シンプルなURL構造を維持する
>
> サイトのURL構造はできるかぎりシンプルにします。論理的かつ人間が理解できる方法で（可能な場合はIDではなく意味のある単語を使用して）URLを構成できるよう、コンテンツを分類します。
>
> 引用 https://support.google.com/webmasters/answer/76329?hl=ja

　結構忘れがちな項目ですが、効率的にアクセスや収益を伸ばしたいのであれば、最初に設定しておきましょう。

　人間が見ても機械が見てもわかりやすいシンプルなURLだと、ほかのブログやサイトからのリンクを得ることにつながるので、さらにアクセスが伸びて、アドセンスやアフィリエイトの収益が増えるようになります。

❺ 最後に、アイキャッチ画像を設定する

　アイキャッチ画像は、その記事を代表する画像のことです。記事を開いたらすぐに目につく場所にある画像で、SNSでシェアしたときにもこの画像が反映されます（前頁参照）。

　画像があったほうが確実に目を引くので、**ここはぜひインパクトのある（びっくりする、美しい、おいしそう、興味を引く）画像を設定してください。**

　これで、やることすべて完了です。

　記事の内容に応じて、写真を挿入したり、過去記事リンクを入れたり、いろいろできることはありますが、まずはこの5項目をしっかり覚えておいてください。

② 誤字脱字のチェックとスマホでの見え方を確認しよう

　大事なことをひとつ書いておきます。

　それは、**誤字脱字チェックをして、書いた記事を見直す**ということです。

　記事を書いたら、アップする前に必ず見直しをしましょう。私は、**見直しは読者に対するマナー**だと思っています。

　言いたいことを勢いよく書くとすぐに投稿したくなるものですが、私はそういうときも、気持ちにストップをかけて、いったん落ち着いて全体を見直すようにしています。

そうすると、意外と間違いがあちらこちらで見つかります。さらに、もっとこうしたほうがいいという点も見つかったりします。誰でも見落としはあるので、少しの誤字脱字程度ならいいのですが、あまりにも多いと「本気で書いたのかな？」と思われてもしかたありません。

　誰かにプレゼントをもらったとき、中身は素敵なものなのに、雑な包装で渡されたときと同じです。「読者に届けたい！」と思って真剣に書いたものなら、しっかり体裁も整えたうえで届けましょう。

　これから記事を書くなら、アップする前にぜひ見直しをしてください。見直すことで、重複していた文章や、わかりにくい単語に気づくはずです。**文章は直せば直すほど質が高まる**ので、面倒がらずにやりましょう。私はよく**「声に出して」文章を確認します。**声に出して読むことで、違和感を見つけやすくなるのでお勧めです。

　できるだけいい状態で読者に届けられるようがんばれば、その気持ちはきっと伝わります。

スマホで確認すると新たな視点が見えてくる

　また、見直しのポイントとしてお勧めなのは、「スマホで確認すること」です。私は1度パソコンで見直して投稿したあと、すぐにスマホでじっくり読むようにしています。

　パソコンだと目線を大きく動かす必要があるので見落としがちなのですが、スマホだと狭い範囲で見ることになるので、間違いを見つけやすくなります。**パソコンでは読みやすかったのに、スマホでは文節が長くて読みづらいなんてことはよくあります。**今はパソコンよりもスマホから読まれることが多い時代ですから、投稿したらしっぱなしではなく、**どんな風に見えているか自分の目で確認する**ようにしましょう。

● スマホで記事を確認するといろいろ見えてくる

スマホだと視線を大きく動かす必要がないから、間違いを見つけやすい

25 広告を貼って商品を紹介してみよう

記事を書いたら、広告を貼ってみましょう。この項目でやることは非常に簡単です。広告を探して、指定されたコードを記事内に貼りつけるだけです。リンクの種類や広告を貼る際に気をつけるべきことなども含めて、1つひとつ手順を追って見ていきましょう。

Check!
- ☑ A8.netの広告を記事内に掲載してみる
- ☑ リンクにはバナーリンクとテキストリンクがある
- ☑ リンク先が表示されるかどうかは必ずチェックする

1 A8.netの広告を記事内に貼ってみよう

あくまでも練習なので、ここでは特にこだわらず、興味のあるカテゴリーの広告を選んでみましょう。

手順1 「A8.net」にログインする。上のほうにあるメニューバーから「プログラム検索」の上にカーソルを置くと下に出てくる「プログラム検索」をクリックする（NEWと書かれているものでも、書かれていないものでも、どちらを選択してもかまわない）。

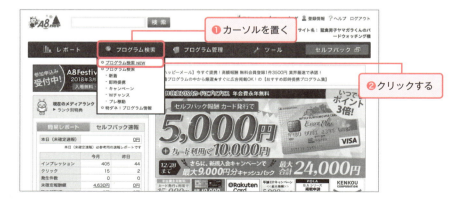

手順2 好きなカテゴリーにチェックを入れたり、キーワード欄に思いあたる商品名などを入力したりして、検索してみる。

手順3 どれか広告を選んだら、1番下の「提携申込み」または「提携する」ボタンをクリックする。即時承認されるものもあればそうでないものもあるので、ここでは、できればすぐに承認される「即時承認」のものを選ぶ。提携申込みはいくつ申し込みしても問題ない。

手順4 「提携を申請しました」の画面が出たら、下のほうにある「広告リンク作成」ボタンをクリックする

手順5 画像(バナー)であったり、文字であったり、いろいろな広告の一覧とそれぞれのコードが表示される。貼りたい広告の下部にある「素材をコピーする」のボタンをクリックするとコードがコピーされる。

手順6 はてなブログの「記事を書く」ページに行き、「見たまま」タブから「HTML編集」タブに切り替える。広告を挿入したい場所にコードを「ペースト(貼り付け)」する(右クリックで「ペースト(貼り付け)」を選択するか、「⌘」(Ctrl)+Vでペーストする)。

手順7 プレビュー画面でチェックして、広告がうまく表示されていればOK!

最初は手順に戸惑うかもしれませんが、慣れればサクサクできます。
もしうまく表示されない場合は、広告コードをすべてコピーしきれていな

かったり、余計な文字が入り込んでいたりすることがあります。
　その場合は、広告のコードを1度消して、再度コピーし直して貼りつけてみましょう。貼りっぱなしで確認しないと、意外と「あれ？　表示されてなかった！」なんてこともあるので、必ずプレビューを確認するようにしてください。

 リンクの種類について

　リンクには、**「バナー」「テキスト」「メール」**の3種類があります。
　よく使うのは、バナーかテキストです。メールは、メルマガ向けなので、ここでは考えなくていいです。バナーリンクは、いわゆる画像のリンクのこと。テキストリンクは、文章がリンクになっているものです。「どちらを使えばいいの？」という質問を受けることがあるのですが、これは一概にはいえません。バナーは、広告色が強くてクリックされにくいともいわれます。そうはいっても、**ダイエットなどの見た目が重要なカテゴリーの場合、細くてしなやかな体型の女の子が広告に載っていたら魅力的**に思えますよね。
　逆に、**魅力を感じないバナーも中にはありますし、そういう場合はバナーリンクは使わずにテキストリンクのみを使う**ようにします。
　記事の最後にテキストリンクを貼り、さらにその下にバナーリンクを貼って目立たせることも多いです。
　いずれにしても、**貼りすぎると読者も「広告ばっかりだな」と思って離れてしまうので、記事の長さを考えながら、ブログの内容とともに、広告にも興味が持てるように入れていきましょう。**

 リンク先がきちんと表示されるかどうかを確認する

　広告がちゃんと表示されているかの確認も大事なのですが、そもそも広告のリンク先が表示されるかどうかのチェックもしておきましょう。
　たまにですが、リンク先がうまく表示されないことがあります。リンクが切れてしまっているなど、たまにこういうことも起こります。せっかく貼ったリンクが実は正常に作動していなかったとなれば、とってももったいないことになるので、**表示だけでなくリンクの動作確認も行っておきましょう。**

26 報酬額や広告のクリック数を確認する

記事を書き、広告を貼って終わり……にしてはいけません。そのあとの結果がどうなったかを知り、次に活かすことで、ミスや改善点を見つけるきっかけにもなります。報酬や広告のクリック数の確認方法や注目するべきポイントについて、見ていきましょう。

Check!
- ☑ PDCAサイクルを回していく
- ☑ 報酬や広告のクリック数の確認は日常的に行う
- ☑ クリック率やコンバージョン率で引っかかる点があれば都度改善していく

1 実践したら、結果の確認をしよう

記事を書いて広告を貼ったら、広告のクリック率や報酬を確認します。

❶ 報酬の確認方法

「A8.net」にログインします。画面左側に、「本日（未確定速報）」という欄があります。そこが今日発生した報酬です。

クリックする

ただし未確定報酬なので、確定報酬にならないと実際にお金は入ってきません。それでも発生したことに変わりはないので、まずはここに数字が表示されることを目標にしましょう。

❷ クリック数の確認方法

　ログイン後の画面左側の「詳細レポート」ボタンをクリックすると、さまざまな項目からクリック数を確認することができます。

　「成果確定レポート」は確定した広告の情報、「成果発生レポート」は、全体の広告の情報を見ることができます。ここでは「成果発生レポート」の項目を選択します。

　月別、日別、成果別、プログラム別、サイト別、デバイス別をそれぞれ見ていくと、どれくらいのクリック数があったか、いろいろな角度から見ることができます。

② レポートを分析して、足りない点を積極的に改善していこう

　「成果発生レポート」の項目を確認していくと、改善点が見つかることがあります。

❶ プログラム別でクリック数が少ない案件を見つけた場合

　ある程度アクセス数のある記事に広告を貼っているのにもかかわらず、クリック数が少ない、もしくはない場合、記事内容と広告リンクが最適化されていない可能性があります。

　バナーを変える、テキストリンクを変えてみる、記事と広告の親和性が低いなど、考えられる原因はたくさんあります。広告リンクをどのように読者に見せるかによってクリック数は大きく変わるので、可能なかぎりのパターンをテストしてみて1番効果が大きい広告を使いましょう。

また、気づかないうちに案件が終了してリンク切れになっていることもあります。その場合はほかのASPで同じ案件を探すか、別の類似した商品に切り替えるといった対策を取る必要があります。

❷ クリック数はそこそこあるのに、なかなか売れない場合

クリックされても商品が売り切れているという場合もあります。これは私が実際に経験したことです。いつも売れている商品がぱったり売れなくなって、確認してみたら商品が売り切れていることがわかりました。この場合はリンク切れではありませんが、読者はすぐに商品がほしいわけですから、売っていないのであれば別で探してしまいます。これは大きな機会損失です。商品が再入荷されるのを待ってもいいですが、ほかに有力な商品の候補があればそちらに切り替えたほうが読者の希望にも添えますし、何よりも売上に直結します。

ほかにも、リンク先の広告主のページの質が悪いことも考えられます。せっかく読者がクリックしてくれても、リンク先のページが魅力的でなければ、読者は興味をなくして去ってしまいます。**似たような商品、サービスなのであれば、自分でも広告主のサイトを見て、より魅力的なページをつくっている広告主の商品やサービスを紹介する**ようにしましょう。

どうしても1社しか提供していない商品なら、勇気を出して広告主に連絡してみるのもありです。熱心な広告主であれば、ページを改善してくれることもあります。

❸ 報酬が発生しても、ほとんど承認されない場合

広告がクリックされて商品購入に至り、報酬が発生しても、広告主に売上が承認されなければ実際には報酬は得られません。

報酬が発生してもそのほとんどが否認されるという場合には、成果地点のハードルが高い、条件が厳しいなどの理由が考えられます。その場合、似たような商品でより承認率の高いものに切り替えるなどの対策をしましょう。

A8.netとafbといった複数のASPで商品を展開している広告主もいます。不思議なことに、ASPによって承認率が変わります。

あまりにも承認率が低いと思ったら、別のASPに変えてみたり、ASPに問いあわせしてみるのも悪くありません。納得いかない回答であれば別の提携先を探して、丁寧かつ熱心な広告主を探してみてもいいでしょう。ブログ運営者も広告主も立場は対等ですから、しっかり主張しましょう。

やっておくべきこと ❶
Google Analyticsに登録する

Google Analytics（グーグル アナリティクス）は、アクセス解析のためのツールです。単純に毎日のアクセスを計測するだけでなく、読まれている記事は何か、どのような属性の読者（男性女性、エリア、年代）が読みに来ているのか、スマホからの訪問者はどれだけいるのかといった、かなり細かいデータまで知ることができます。ぜひ最初の段階から設定しておいてください。ここでは「Google Analyticsって何？」というところから、登録方法、最低限チェックすべき項目まで見ていきます。

Check!
- ☑ Google Analyticsは、アクセス解析ツールの定番
- ☑ 最初から計測しておくことで、ブログの伸び率がわかる
- ☑ リアルタイム、ユーザー、集客、行動の4項目をチェックしよう

❶ Google Analyticsって何？

　Google Analyticsは、Googleが提供しているアクセス解析ツールで、現在ではウェブサイト運営には必須のツールとなっています。
　ユーザー数（訪問者数）、ページビュー数（何回見られたか）などの基本事項はもちろん、ほかにも人気のある記事、リアルタイムで読まれている記事や読者の属性、地域も知ることができます。
　特にリアルタイムは、アクセスが増えてくると見ているのが楽しくなります。
　見ている記事や、その人がどこの地域から見ているかなどがリアルタイムでわかるので、「本当に見てくれてるんだ！」と実感してモチベーションが上がったりもします。
　ほかにも、急にアクセスが増えたときに、その理由を調べることができたり、登録しておくと何かといいことがあります。
　特に**最初の段階から登録しておくと、見ていない間も自動的にデータが記録されていくので、あとから見返すと成長がわかってお勧め**ですし、分析して改善することもできます。
　たとえば、「**読まれている記事をもとに新しい記事ネタを考えたり**」「**直帰率が高い記事をリライトしたり**」「**人気のある記事に収益につながる記事へのリンクを貼ったり**」、ブログを改善するヒントがたくさん見つかります。

② Google Analyticsの登録方法

では、実際にGoogle Analyticsに登録してみましょう。次の手順に沿ってやってみましょう。

手順1 Google Analyticsの公式サイト（https://www.google.com/analytics）の右上の「無料で利用する」ボタンをクリックする。

手順2 表示されたアカウントページ右側の「お申し込み」ボタンをクリックする。

手順3 アカウント名（自分がわかりやすいものでかまわない）、ウェブサイト名（あとからでも変更可能）、URL、業種、タイムゾーン（日本に設定）を設定して、「トラッキングIDを取得」ボタンをクリックする。

手順4 利用規約に同意し、登録完了。

手順5 次に、トラッキングID「UA-XXXXXXXX-XX」(Xには数字が入る)をコピーしてブログに設置し、アクセス解析できるようにする。

手順6 はてなブログで、左のメニューから「設定」を選択して、「詳細設定」タブをクリックする。画面を下にスクロールして、「解析ツール」の中にある「Googleアナリティクス埋め込み」という項目に、先ほどコピーしたトラッキングIDを入力し、1番下の「変更する」ボタンをクリックする。

　これでGoogle Analyticsの設定はすべて完了です。日付が変わって、グラフが変化していれば計測できている証拠です。
　トラッキングコードを取得し、それをブログに設置することによってアクセス解析がはじまります。忘れずにトラッキングコードを設定するようにしましょう。
　自分で何度かアクセスしてみて、次の日にそのアクセスが反映されているようであれば成功です。

③ 最初はここだけ押さえておけばOK！

「ここだけ押さえておけばOK！」という項目をご紹介します。次の項目は、必ず見る習慣をつけるようにしましょう。

Advice 　Google Analyticsで見ておく項目
☐ リアルタイム　　☐ ユーザー ⇒ 概要　　☐ 行動 ⇒ 概要

「リアルタイム」では、文字どおりリアルタイムにブログを閲覧している読者の様子を確認することができます。

どの記事を見ているのか、どこの地域の人なのか、どこからブログにやってきたのかもわかるので、とても面白いです。

次に、**「ユーザー ⇒ 概要」**の部分です。セッション数、ユーザー数、ページビュー数などを知ることができます。セッション数は、訪問者がやってきて帰っていくのを1回としてカウントします。それに対してユーザー数は、訪問者数を表します。

例
Aさんがあなたのブログに、朝昼夜それぞれ1回ずつ訪れた場合
⇒ セッション数は3、ユーザー数は1としてカウント

例
セッション数が50、ユーザー数が10の場合
⇒ 訪れた人数自体は10人、その10人の合計訪問回数は50ということ

最後に、**「行動 ⇒ 概要」**では、よく見られている記事をチェックすることができます。画面下左側で、サイトコンテンツのところを**「ページタイトル」**に切り替えると見やすくなります。人気のある記事順に、もっと濃い内容へと加筆修正を加えたりするのに役立ちます。

私は、これら3項目は毎日ザッとでも確認するようにしています。**最初の3カ月くらいはアクセスが少ないので、モチベーションが下がらないようにあえて見ない**のも手かもしれませんが、アクセスが安定してきたらできるだけ確認する習慣をつけましょう。

やっておくべきこと ②

Google Search Consoleに登録する

Google Analyticsとあわせて、最初に登録しておくツールがGoogle Search Console（グーグルサーチコンソール）です。こちらは、キーワードによる検索表示回数や検索順位表示といったGoogle Analyticsに近い側面も持ってはいますが、異なった目的で使うものです。どのような役割を持っているのかを知り、使い方についても知っておきましょう。

Check!
- ☑ Google Search Consoleは、Googleにブログやサイトの存在を知ってもらうためのもの
- ☑ 記事は「クロール」されたあとに「インデックス」される
- ☑ 「検索アナリティクス」にアクセスアップのためのヒントがたくさん詰まっている

① Google Search Consoleって何？

Google Search Consoleは、簡単にいうと「Googleにあなたのブログの存在を知ってもらうためのツール」です。

ちょっと想像してみてください。

あなたの書いた記事は、最初はペラペラの紙の状態です。ペラペラの紙は床に落ちてしまい、そのままだと誰も紙の存在に気がつきません。

そこで紙をまとめ、製本したあと、本棚に入れてほかの人が手に取りやすい状態にする必要があります。つまり、「製本して本棚に入れる」という作業をしてくれるのが、Google Search Consoleなのです。

● Google Search Consoleのしくみ

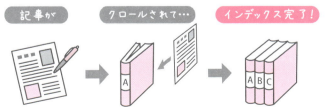

あくまでたとえですが、こんなイメージを持っておくとわかりやすいかもしれません。

Google Search Consoleに「こんな記事書いたよ！」と知らせることで、Googleに認識され、検索に反映されやすくなる（＝インデックスされやすくなる）のです。せっかく書いても、気がつかれなければ、読まれるのがずっとあとになってしまうなんて、もったいないですよね。

② Google Search Consoleに登録しよう

では、実際にGoogle Search Consoleに登録してみましょう。
次の手順で行います。

手順1 Google Search Consoleの公式サイト（https://search.google.com/search-console/about）にアクセスし、Googleアカウントでログインする。

手順2 「ウェブサイト」を選択したままブログのURLを入力し、「プロパティを追加」をクリックする。

手順3 「別の方法」タブを選んで「HTMLタグ」を選択する。メタタグと呼ばれるタグの、下の青文字の部分だけを使う。
<meta name="google-site-verification" content="この部分"/>
※ コピーは全体しかできないので、いったんすべてをコピーして貼りつけてから、余計な部分を削除します。

手順4 はてなブログで、Google Analyticsの設定のときと同様に、左のメニューから「設定」を選択して、「詳細設定」タブをクリックする。画面を下にスクロールして、「解析ツール」の中にある「Google Search Console」という項目に、先ほどコピーした「HTMLタグ」の一部をペーストし、1番下の「変更する」ボタンをクリックする。

手順5 Google Search Consoleに戻って「確認」ボタンをクリックして、緑のチェックマークと、「○○（ブログ名）の所有権が確認されました」と表示されればOK！

手順6 ここからは「ブログをGoogleに認識してもらうための作業」を行う。管理画面に戻り、左側の項目から「インデックス」⇒「サイトマップ」を選択する。

手順7 表示されたURLの後ろの空欄に「sitemap.xml」と入力したら、「送信」をクリックする。

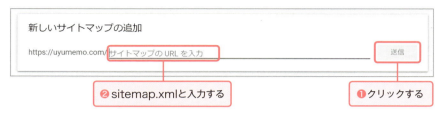

❷sitemap.xmlと入力する　　❶クリックする

手順6 **手順7** のサイトマップ送信の作業はぜひ行っておいてください。これであなたのブログはGoogleに認識されやすくなり、検索キーワードなども得られるようになります。

③ サーチコンソールのチェック項目について

最後に、GoogleSearchConsoleを使う上で、チェックしておくといい項目を紹介します。

まず、左側のバーを開くと、いくつか項目が出てきます。

この中の「検索パフォーマンス」で、日々のクリック数や表示された回数を知ることができます。どんなキーワードから流入があるのか、どのページが上がっているのかなどを知り、これらのキーワードをヒントに記事を手直ししたり、新規記事を作成したりします。

例えば、あるキーワードで流入があるにもかかわらず、ぴったり該当する記事や項目がない場合、そのキーワードで入ってきた人が満足しそうな内容を追加するなどして修正していきます。

また、順位が低くてクリック率が高い場合、需要が高いという判断ができるので、そうした記事を優先的にリライトして内容を充実させ、より見られる記事にしていくといった対策もできます。

さらに、左側のバーから「URL検査」をクリックし、上部に各記事のURLを入力すると、そのページの状態を見ることができます。

書いたばかりの記事のURLを入力すると、次頁の画像のような表示にはな

らないと思います。その場合は「インデックス登録をリクエスト」をクリックすると、時間が経ってページが更新され、上のような状態になるはずです。

　書いた記事をすぐにインデックス登録したい場合、このページでリクエストすれば良いですが、時間が経つと自動的に登録されるものなので、どちらでもよいと思っています。

　以下、用語について簡単にまとめます。

【インデックス】先ほどもちらっと出てきましたが、**記事を製本して本棚に入れる作業を表します**。インデックスとはもともと「索引」「見出し」といった意味を持つ言葉で、データを格納してそれを取り出しやすくするということであてられた名前のようです。

【クロール】クロールは、**あなたの記事を製本するために記事を集めて回るような作業のこと**を指します。クローラーというロボットが、あらゆるサイトやブログを見て回ります。クロールされやすい構造になっているブログは、インデックスされやすいということでもあります。

　最初にサイトマップを送信する以外は特に行うことはなく、あとはブログの状態を見たり、キーワードなどを確認したり、といった使い方になります。

　時々エラーのあるページ1件などと表示されることがありますが、その原因はさまざまなので、その都度調べて対処する必要があります。

　今回は簡単な使い方の紹介になりましたが、「サーチコンソール 使い方 2020（最新年度）」と調べるとたくさん情報が出てくるので、参考にしてみてください。

　また、Googleアナリティクスやサーチコンソールは随時表示や項目が変更されることがあるので、本書ともし相違があれば上記のように調べてみてくださいね。

29 まずは収益よりもアクセスを集めることに注力する

最初の収入を得るためには、アクセスを集めることが必須です。お店を開いても、見に来る人がいなければ、当然買う人もいません。はじめから売ることを考えるのではなく、まずは人が集まる方法を考えてみましょう。

Check!
- ☑ 検索エンジンからの集客を土台にする
- ☑ 最初の3カ月は、アクセス数は気にしない
- ☑ 少ないアクセスで報酬が発生することもある

1 最初の3カ月はアクセス数を見ない

検索エンジンからアクセスを獲得しようと思ったら、長い目で見ることが必要です。

書いた記事はすぐに読まれるような気がしてしまいますが、そんなことはありません。記事の質にかかわらず、最初は誰でも読まれるようになるまで時間がかかります。

書いた記事を検索エンジンがチェックしたあと、検索結果に反映されるようになります。

しかも、ブログをはじめたばかりのときは、検索エンジンのチェックにも時間がかかりますし、検索結果に反映されても、ずっと後ろのページになることがほとんどです。

ここから少しずつ検索上位に上がっていって、やっと読まれることになります。このように、検索エンジンからの流入を得るには、時間がかかります。

最初の3カ月は、アクセス数はほとんどなくてあたりまえだと思っていてください。**継続して記事を更新してブログの信用度が高まっていくと、検索エンジンが評価してくれるようになります。**

すると、検索結果に反映されるまでの時間が短くなっていきます。

ここまでいくには半年～1年以上かかると思って、気長にがんばっていきましょう。

少ないアクセスで報酬が発生することもある

アクセスを集めないことには何もはじまらないといいましたが、アクセス数が少ない状態でも報酬が発生することはあります。

それは、**検索に引っかかるキーワードが、商品を購入することにつながりやすいキーワードの場合**です。

たとえば、「来週好きな人とデートなのに、ニキビができた……どうしよう！」と悩んでいる女の子がいたとします。これは、女子的には一大事です。緊急の悩みなので、「ニキビ　隠す方法」などと検索する可能性が考えられます。

このキーワードに引っかかる記事を用意して、記事の中で「この商品でしっかりニキビが隠せた！」と書いておいたらどうでしょうか？　「これで隠せるなら買おうかな」と、紹介されている商品がほしくなると思います。

こんな風に、検索で引っかかるキーワードとその内容によっては、少ないアクセス数でも収益に直結することがあるということです。

ニッチなキーワードで収益に直結しそうな記事を書くと、検索順位だけでなく同時にコンバージョン率も上がりやすくなります。

キーワードの考え方については第4章でもっと詳しく見ていくので、そちらを参考にしてみてください。

30 私が最初に収入を得たときの話

ブログやアフィリエイトをやっていてたまに聞かれるのが、「最初の収入ってどんな感じで入ってきたの？」ということです。期間も方法も金額も人それぞれだとは思いますが、たしかに最初ってどんな感じか気になりますよね。私が初報酬を得た流れや期間、そのとき感じたことをお話しします。

Check!
- ☑ 商品紹介はせず、ただ広告を貼るだけだった
- ☑ 記事の更新は欠かさなかった
- ☑ 最初の収入を得た瞬間が今までで1番うれしかった

1 過去の自分に向けて内容を考えた

私の場合、初報酬は、ブログをはじめて2カ月目に発生しました。

ブログでは、ダイエットに関して独自に考えていたこと、常識に対する疑問などを思うままに書いていました。

アフィリエイトというものがあることは知っていたのですが、**最初から収益のことを考えて戦略的にやるというよりは、「とにかくやってみよう！」と行動してみて、その後アフィリエイトで収益化していった**ような感じです。

今振り返ってラッキーだったと思うのは、**私自身がよく検索していた**ことです。

ダイエットについて発信する側であると同時に、ダイエットに悩む側でもあるので、たくさん検索したことがあって、**どんなにニッチなキーワードでも「こういう言葉で検索する人もいそうだな」と想像するのは容易**でした。

そのため、ツールを使ってキーワードをねらうといったことはせず（そういう方法があることも当初知らなかった）、**過去に悩んだ自分に向けてある程度キーワードを意識して書いた**ことで、アクセス数は徐々に伸びていきました。

はじめのうちは、毎日最低1記事、多いときは2〜3記事更新していました。アフィリエイト広告も貼ってみようと思ったものの、商品紹介のやり方がよくわからずにいました。そこで、「商品紹介をしなくても、このブログを

見に来る人はきっとダイエットに興味がある人だから、ハードルが低くて気軽に試せる商品だったら売れる可能性があるかも」と考え、エステ体験の広告を記事の間に貼ることにしました。すると、2カ月目に見事に1件報酬が発生し、成約しました。

正確には覚えていませんが、1件7,000円程度の報酬だったと思います。この最初の報酬発生を目にした瞬間、私は文字どおり飛び跳ねて喜びました。

これが、私が初報酬を得るまでの流れです。

② 最初の「0」を「1」にするまでが最も難しい

ブログというものを自分でつくり、文章を書いてアクセスを集め、広告から収入を得る。実際に経験してみるまではすごく難しいことのように思っていましたが、ひとつ目の大きなハードルを乗り越えると、「もしかして、このまま行けば……」と期待する気持ちが生まれてきました。

人は「小さな成功体験」を経験すると、継続したくなる生き物らしいのですが、まさにブログによる初収入が、私にとってはじめての小さな成功体験でした。

何もわからないまま約1カ月間記事を書くのは不安もありましたが、結果的にそれが初報酬につながって自信にもなり、「またがんばろう」と思うことができたのです。5万円、10万円、20万円、と超えたときよりも、最初の7,000円が1番うれしかったのです。

そして、今思うのは、**1度0を1以上にすることができたなら、それを伸ばすのは意外と難しくない**ということです。

最初の0⇒1のところが、最も難しいです。でも、1度0⇒1を達成すれば、気持ち的にも自信が生まれるので、そのあとがんばりやすくなります。

はじめは「これでいいのかな？」「本当にブログで稼げるのかな？」と不安になることもあると思いますが、まずはとにかくやってみて、最初の小さな成功体験をつかみ取ってください！　応援しています。

今日はヒトデ祭りだぞ！

http://www.hitode-festival.com/ （ヒトデ氏）

ブログをやめようなんて思ったことは1度もない！ 自分が楽しみながら発信することで新たな出会いや報酬を得られるのがブログ

　「今日はヒトデ祭りだぞ！」はアニメ、漫画を中心とした雑記ブログです。そのほかにも、会社への不満、恋愛、食レポ、旅行記、趣味の話、書評、何でも書きます。もともと「自分が書きたいことを好き勝手に書く」といった形ではじめたため、必然的に雑記というジャンルになりました。アニメ漫画中心なのは単純にオタクなためです！

　ブログ開始当初は、良くも悪くも読者を意識せずに書いていたため、いろいろとフリーダムでした。今改めて過去の記事を読むと、質が低くて自分としては恥ずかしいのですが、「昔の記事のほうが尖っていてよかった」「今のヒトデ祭りは丸くなってしまった」みたいな意見もいただくので悩みどころです。

　基本的に読んだ人にプラスの感情が残るように意識して記事を書いています。誰かを不快にしたり、傷つけたりする内容は極力書かないように気をつけています。とはいえ、方向性としては相変わらず「自分の好きなことを好き勝手に書く」ができていると思います。ただ、「多くの人が読んでくれている」というプレッシャーから、中途半端な記事が出しにくくなってしまったというのはあります。

　このインタビューは書籍ということで比較的まじめに猫かぶって答えていますが、ブログは自由な場ですから自分自身が楽しみながら、「普段文章を読まない人」でも読めるような、軽い文体を心がけています。

ブログをはじめてよかったことは？

　1番は人との出会いです。
　自分はただのサラリーマンだったのですが、ブログを通して本当にたくさんの

人たちと出会いました。いろいろな価値観に触れて、普通に生きていたら決して知りえなかった世界を知りました。

　また、ビジネスの面だけでなく、家に泊まりに行ったり、一緒に遊びに行ったりする友人が増えたことも単純にうれしいです。ブログってインターネット上のつながりだけだと思われがちですが、まったくそんなことはなくて、ブログをきっかけに現実社会で仲よくなった人もたくさんいます。

ブログで収益をあげるためにしていること

　クリック報酬型の Google AdSense、自分が使った商品・サービスを紹介することによる紹介料（アフィリエイト収入）、ブログ経由で依頼が来た記事広告の執筆がメイン収益になります。

　今では会社員の月給以上の報酬をブログから得ていますが、はじめの数カ月は報酬がもらえることを知らなかったので、無報酬でブログを書いていました。ブログで収入を得られるってことを、もっと早く知りたかったですね……。　いいんですよ、ブログ書くだけで楽しかったんで！

　ブログで収入が得られると知った半年後くらいから報酬額は徐々に増えていき、ありがたいことに右肩上がりで増えています。紹介している商品のキャンペーン（報酬額の変動）で上下することもありますが、生活に困らない程度の報酬水準をキープしています。

これからブログをはじめるあなたへ

　僕は「書くことが好き」というだけではじめたブログで、本当にたくさんのものを得ました。はっきりいって、もっと早くから知りたかったです。

　もしもあなたが「書くことが好き」なら、ブログをはじめない理由がありません。リスクも特にないですし、別に 1 カ月で投げ出したところで何も損はしないので、とりあえずはじめてみてください。

　ブログに書くことがないと怖気づいている人もいると思いますが、全然そんなことはありません。僕の運営しているブログは雑記ブログなので、日常のあらゆることがブログネタになります。

　主張したいことがあればオピニオン記事を、面白いことがあったらネタ記事を、ご飯を食べたら食レポを、旅行に行ったら旅行記を、何か買ったらレビューを。実際に記事にするかは別として、常に「記事にならないかなー」とアンテナを張っておくと、いくらでもネタは見つかると思います。あとはそれを発信するかどうかだけです。

　「今日はヒトデ祭りだぞ！」は、自分が楽しみながら、できるだけ多くの人を楽しませることのできる場所です。それと同時に、培ってきた発信力を活かして、発信力不足で埋もれている素晴らしい作品やサービスを掘り起こすことができたらなと思います。

　はてなブログで、僕と握手！

Chapter - 4

もっと読まれる &
稼げるブログにしよう！

ブログをますますパワーアップさせて、よりあなたの個性を出した魅力的なものにしていきましょう。記事の書き方で工夫するポイントや、デザイン変更で気をつけることについてお話ししていきます。

31 記事を書くときの心構え

「記事の書き方」というと、構成や表現のしかたなど、テクニック的なことを想像する人も多いと思います。しかし、最も大事なことはテクニックではありません。文章というのは、その人の想いや考えがにじみ出るものです。文章を見ているだけでも、書いた人の性格や気分までもがわかってしまいます。大事なのはテクニックではなく、書き手の考え、つまり「心構え」です。

Check!
- ☑ 記事を書くのは読者のため
- ☑ マイナスをゼロにするか、ゼロをプラスにするか？
- ☑ 読者の求める情報を届ける

1 記事を書くのは誰のため？ 何のため？

記事を書くときには、**「たかが文章」と思わずに、自分が思った以上に相手にいろいろなことが伝わっていることを自覚**しなければいけません。

まずはこれが心構えの第1歩です。

さらに、**記事を書く目的をはっきりさせておく**ことも大切です。

あなたはこれから、何のために記事を書くのですか？

もしあなたしか目にすることのない「日記」であれば、いくらでも好きなように書いていいでしょう。しかし、これからあなたが書くのは日記ではなく、多くの人が目にする「記事」なのです。

つまり、**読まれるために書く**ということです。

そう考えると、「記事を書くのは読者のため」だといえます。もっといえば、読者に何かを伝えるため、読んでくれた読者の未来をよりよくするためです。

行動心理を勉強したことがある人ならすでに知っているかもしれませんが、人が物を買うとき、大きく分けて2つの動機があります。

ひとつは**「苦痛から逃れたいとき」**。もうひとつは**「快感を得たいとき」**です。前者はマイナスをゼロに近づけたい、後者はゼロをプラスにしたい、と考えていることになります。このどちらかを考えたとき、人は、物を買うなど何かしらの行動を起こします。

● 人が物を買うときの動機は2つ

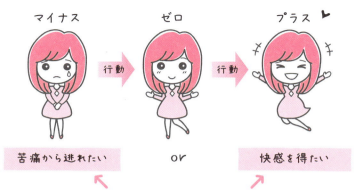

「検索する」という行為も同じです。

「この悩み、どうにかして解決したい」「こんなときってどうすればいいの？」と思って調べたことはありませんか？ また、「何か面白いことないかな？」「明日のランチはヘルシーでおしゃれなところがいいな」と、ふと考えて検索してみたことはありませんか？

それぞれ苦痛から逃れたい、もしくは快感を得たいと思って検索しています。先ほど「読者に何かを伝えるために記事を書く」とお伝えしましたが、何かを伝える際には、このどちらかを意識するといいです。

あなたがこれから書く記事は、読者の苦痛や悩みを取り除くのか、または楽しませたり笑わせたりするのか、どちらになりそうでしょうか。

ちなみに私の場合は、「ダイエットしているのにうまくいかない」「どうやったら痩せられるの？」と悩んでいる人に向けて書いているので、マイナスをゼロにするという前者の内容にあてはまります。ここで、あなたは読者にどのようなことを伝えたくて書くのか、少し考えてみてください。

② 読者の欲している情報を届け、感情を刺激する

読者のマイナスをゼロにするにしても、ゼロをプラスにするにしても、「読者の欲している情報を届ける」「感情を刺激する」という点は共通しています。

まずは、**検索する人の気持ちになり、その検索意図を満たす情報を掲載**します。

ここで注意が必要です。

私は最初、情報だけでも十分なのかと思っていたのですが、読者の反応を見ていて、**「情報も大切だけど、みんな"共感"を大事にしている」**と気がつきました。

コメントや問いあわせからのメッセージを見ていると、「情報が役に立った！」という内容もあったのですが、それ以上に「すごく共感しました」「励まされました」といった言葉が多く見られました。

そういったことから、「読者は情報だけでは動かない、感情で動くんだ」と実感しました。

だから、あなたがどんな経験をして、そのときどう感じたかを詳しく書いたり、何かを伝えたいという想いを持って書いたりすることで、読者は共感し行動を起こします。

あなたの書いた文章が誰かに影響を与えたり、何かをはじめるきっかけになったら、とても素敵だと思いませんか？

「何のために記事を書くのか？」とてもシンプルな質問ですが、これに即座に答えられるようにしておけば、この先ブレることはありません。

32 稼ぐブログを運営するための3つの共通要素

これからブログとアフィリエイトに取り組むにあたって、必要となる「記事の特徴」についてお話しします。今までいろいろなブログを見てきて、読まれる＆稼げている人のブログには、ある共通点があることがわかりました。結果を出している人のブログでは、ある特徴を持った3種類の記事がそれぞれ相互に関わってうまく作用しています。これから記事を書く際、ぜひこの3つの共通要素について意識してみてください。

Check!
- ☑ ブログ全体の中に、3種類の内容を含める
- ☑ 「情報」「感情」「稼ぐ」記事のバランスが大事
- ☑ ブログでアフィリエイトをする場合は、稼ぐ記事の割合に注意

1 読まれる＆稼げるブログへの近道？

ブログ全体に次の3種類の内容を含めると、読まれる＆稼げるブログへと近づきます。

情報・感情・収益化のバランスが大事
- □ 情報
- □ 感情
- □ 収益化

「情報」だけでも、「感情」だけでも、「稼ぐ」だけでもダメです。3つすべてが相互に関係する記事を書くことで、ブログでの収益化は格段にうまくいくようになります。

❶「情報」を伝える記事とは

　読者の役に立つ情報、ノウハウ、○○のやり方、悩みを解決する、といった内容の記事です。

　私の場合は内容がダイエットなので、「脚を細くする立ち方」「甘いものをやめる方法」など、この種類のものを多く書いてきました。

　また、**この情報がほかの人の記事に書いてあるような内容ではなく、自分なりに考えた独自のものだったりすると、より信用性が増し、面白いと思ってもらえます。**

❷「感情」を伝える記事とは

　やっぱり人の心を動かすのは、感情や感動です。理屈で人はなかなか動きません。「こんな情報があったよ」と伝えるだけだと読者側も「そうなんだ」で終わってしまいがちですが、**「この情報がよさそう。実際に自分でも試してみたらこんな感じで、とてもよかった。効果としては……」と、書き手本人が情報をいったん自分の中で消化して、思ったことや感じたことを書く**と、「続きが気になる！　もっと読んでみたい！」と共感してもらうことができます。

　私も、記事を書く中で１番意識しているのはここです。「楽しい」「うれしい」「何だかいい感じ」「うーん……と思った」など、あなた自身がどう思ったかをつけ加えることで、文章が生き生きしたものへと変化します。すると文章に人間味やあなたの個性が出てきて親近感も感じられます。**情報が信用に、感情は親近感につながり、読者との距離を縮めることができます。**

❸「収益化・稼ぐ」ための記事とは

　情報と感情だけでも、読まれるブログにはなります。しかし、稼ぐことにはつながりません。商品が購入されて契約が成立する、つまり売れることを「コンバージョン（CV、成約）」といいます。このコンバージョンをねらった内容や記事も、織り交ぜていく必要があります。「㊳ 商品紹介記事を書くときのコツ」で詳しくお話ししますが、方法は大きく分けて次の２つがあります。

Advice　収益化を目的とした記事は2種類ある

★ 商品紹介記事を書く
★ 情報を書いた記事の途中や最後に適切な関連商品リンクを入れておく

こういった方法で収益化（マネタイズ）することで、あなたのブログは読まれるだけではない、稼げるブログへと成長していきます。

収益化することができれば、稼いだお金をブログのネタ集めなどに投資して、またさらに充実した記事を書くことも可能になります。私も稼いだお金は、ダイエットや美容など興味のある分野に使って（ジムに行ったり、ダイエット本を買ったり）、その情報をまたブログで発信しています。

「ブログやアフィリエイトで稼ぐ」というと悪いことのように思われることもありますが、それは違います。

発信する側もラクではありません。発信する人はたくさん考えて自分で体験して、身を削ってやっています。稼ぐことは、こうした調べたり体験したりといったことの対価だったりするのです。

だから、**収益化できるところはどんどん収益化して、お金や時間の余裕を得て、自分ができることの幅を増やしていきましょう！**

この「情報」「感情」「収益化」の3つが、ブログの中に盛り込んでほしい内容です。もちろん、1つひとつがきっちり分かれている必要はありません。情報と感情、情報と収益化など、複雑に組みあわさっていることもあります。**どんな形でもいいので、この3つの要素がブログに含まれていることを意識できていれば大丈夫**です。

 ## 3種類の割合はどれくらい？

最後に、3種類の内容の割合についてお話ししておきます。

それぞれの割合は、どれくらいが理想的だと思いますか？

私の場合は、**ブログ全体を10とすると、情報4：感情4：稼ぐ2くらいの感覚**で書いています。

私の感覚として**「商品やお店の紹介ばかりされても読者の信用を得ることにはつながりにくいだろうし、私が考えたことや体験したことを伝えていく中で、本当にいいと思ったものだけを紹介しよう」と思ったので、こんな割合になりました。**

この割合はダメ、ということはありません。ブログやアフィリエイトのやり方は十人十色でいいと思っています。また、最初から3種類の内容の割合を意識する必要はまったくありません。続けていくうちに、だんだんと意識できればOKです。まずはとにかく記事を書いて実践してみましょう！

33 記事タイトルには必ずキーワードを含めよう

記事を書くうえで、タイトルはものすごく大事な部分です。電車の中吊り広告を想像してください。本や雑誌などの中吊り広告がよく見られますが、当然、広告を眺めているだけではその本や雑誌の中身までは知ることができません。その場合、私たちが「何だか面白そう」「ちょっと怪しい」と判断する際の材料になるのは、「タイトル」なのです。タイトルづけが雑だったり、違和感を覚えるものだったりしたら、みんな素通りしてしまいます。タイトルづけがうまくいくかどうかで、読まれるか読まれないかが8割決まります。

Check!
- ☑ 1～2語のビッグワード、ミドルワードはねらわない
- ☑ 3語以上の複合キーワードを含めることで、自然とターゲットの読者像も決まる
- ☑ 【】で強調するのもお勧め

1 タイトルは記事の入り口！

　タイトルは、「記事の入り口」となるものです。どんなに内容が素敵なものだとしても、タイトルづけがうまくいっていないと読者は記事にたどり着けません。

　あるとき、立ち方や歩き方と行った姿勢に関することを調べていたことがありました。そのとき、あらゆるキーワードで調べてやっとたどり着いた記事の内容を見て、「これすっごく役に立つ!!」と思ったことがありました。

　しかし、専門的な内容だったために、難しい用語が多く使われたタイトルで、検索キーワードにはとても引っかからないようなものでした。タイトルにほとんど必要なキーワードが含まれていなかったことで、相当根気強く探さないとたどり着けないような記事になっていたのです。これは、すごくもったいないなと感じました。

　せっかくいい記事なのに、それが届かなければ、知らない人にとってはないのも同然です。

　どんなにいい商品があっても、売る努力や広める工夫をしなければ、知ら

れないまま終わってしまいます。それとまったく同じで、**記事を書いて満足するだけでなく、それを届ける意識も必要なのです。**

② 3語以上のキーワードを含むように考える

具体的に、どのようにタイトルをつければいいのか見ていきましょう。

では、「ダイエット」に関する記事を書くとき、どのようなキーワードを含めればいいと思いますか？　ここで、「ダイエット」「ダイエット方法」などとしてしまうと、すごく曖昧なタイトルになってしまいます。

「ダイエット　ジム」「ダイエット　食事」なども同様に、とても曖昧です。

もちろんこうした広くて大きなキーワードで調べてくる人もいますが、こういうビッグキーワードで検索上位を取るのは至難の技です。しかも**曖昧なので、誰に対して何を伝えたいのかが薄れてしまいます。**

そこでお勧めの方法は、**3語以上のキーワードを含むようにタイトルを考える**ことです。

例
「ダイエット　ジム」ではなく、「ダイエット　ジム　東京　お勧め」
「ダイエット　食事」ではなく、「ダイエット　食事　3キロやせ」
などとして、幅を狭める

「ダイエット　ジム」だといまいち検索意図がわかりにくかったかもしれませんが、「ダイエット　ジム　東京　お勧め」となると、「東京でお勧めのダイエットジムを探しているんだな」と検索意図が明確になります。

このように、**3〜4語のキーワードを考えてタイトルに含めるようにすると、自然とターゲットとなる読者像も決まってきて記事を書く方向性がはっきりします。**

検索意図ができるだけはっきりわかるキーワードを、タイトルに盛り込むようにしましょう。

● 検索意図がわかるキーワードの考え方

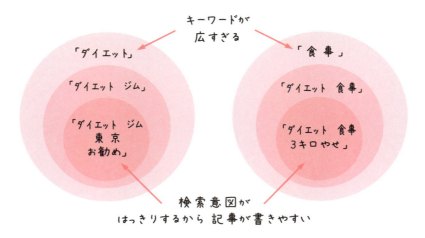

3 タイトルを装飾したり、クリックしたくなる文言も含めるといい

　キーワードを意識するだけでなく、タイトルの見た目を目立つように装飾したり、ついクリックしたくなる文言を含めるのもお勧めです。
　私がよくやるのは、**最初の部分に【】を使う方法**です。

例　【お勧め】【厳選】【実体験】

　こういう風に書くと、パッと見たとき目に留まりやすくなります。また次のような、読者の興味を掻き立てる文言を入れるのもお勧めです。

例　「優秀な人がやっている○○」「知らないと損する○○」「超一流の○○」

　これはもう書き出すとキリがないので、もっと知りたい人は川上徹也さんの「キャッチコピー力の基本」（日本実業出版社刊）という本を参照してください。
　ほかにも、数字を入れて具体性や簡易性を表したりするのもひとつの方法です（例：「10日で3キロ痩せる！」「毎日5分で細くなる！」）。

34 記事のパーマリンク（カスタムURL）を設定しよう

記事を書く際、ぜひ設定しておいてほしいのが、URLの部分です。「パーマリンク」といいますが、はてなブログの設定では「カスタムURL」と表記されています。どのような役割を果たすのか、必ず覚えておきたい注意点についてお話しします。

- ☑ 記事の内容から重要キーワードをピックアップし、英単語に変換する
- ☑ 日本語のままだとURLが長くなるので避ける
- ☑ 1度決めたら変更しない

① パーマリンク（カスタムURL）は記事の内容を反映させる

ここでは「パーマリンク」として話を進めますが、はてなブログでは「カスタムURL」のことだと思って読み進めてください。

パーマリンクは、記事の内容を反映させたものにします。基本は、**記事の内容から重要と思われるキーワードをピックアップし、それを英単語に置き換えたものを「-（ハイフン）」でつないでパーマリンクとします。**

あまり多すぎると見た目的にもよくないので、最大でも3単語ぐらいに収めましょう。

私はだいたい**2〜3個に収める**ことが多いです。

例 「脚が細くなる歩き方」について書いた記事なら「legs-slim-walking」などとする。

● パーマリンク（カスタムURL）の設定例

英単語3個くらいで設定する

　また、ここを日本語にする人もいますが、**日本語にするとほかの記事やブログにリンクを貼ったときに長くなってしまいます。**また、リンクとして認識してくれない文字**（）など**もあります。
　ズラーっと長く続くよりはシンプルなリンクのほうが見栄えもいいので、英語で設定しましょう。

② パーマリンクを決める際の注意点

　パーマリンクを決める際、最も重要なことは、**「簡単に変えない」**ということです。
　単なる文字列だと思って気軽に変えてしまうのは、よくありません。なぜなら、URL全体が変わってしまうからです。
　たとえば、あなたの記事がSNSでシェアされていたとします。そこでパーマリンクを変更してしまうと、シェアしたリンクとは異なるものになるため、「リンク切れ」が起こってしまうのです。せっかくリンクを踏んだ人がいても、「そのページは存在しません」といった文言が出てしまうということです。
　こうしたことを防ぐためにも、パーマリンクは頻繁に変えないようにしましょう。**1度決めたら変えない**のがベストです。

35 記事構成について ❶ 導入部分に興味を持ってもらえる内容にする

記事を書く心構えができて、タイトルも決まったら、次はいよいよ本文に入っていきましょう。まずは「導入」からです。導入部は、読者の心をいかにつかめるかが重要になってきます。タイトルが第1段階だとしたら、導入部分は読んでもらえるかどうかのハードルの第2段階です。ここを乗り越えて、メインとなるところまで読み進めてもらえるようにがんばりましょう。

- ☑ 導入は読者の心をつかむ重要な部分
- ☑ 読者に「自分に関係することが書いてある」と知ってもらう
- ☑ 記事の内容と得られる結果を明らかにする

① 導入部分は「読んでもらえるかどうか」の2つ目のハードル！

「読んでもらえるかどうか」の2つ目のハードルを、乗り越えるための方法を紹介していきます。「㉝ 記事タイトルには必ずキーワードを含めよう」で挙げた、中吊り広告の例を思い出してみてください。タイトルのすぐそばに書いてあるキャッチコピーや、何気なく書いてあるひと言が気になって、そのあと本屋で本や雑誌を手に取った経験はないでしょうか？

タイトルは、検索に引っかかるかどうか、記事を読むきっかけになるかどうかの最初の大切な部分ですが、そのすぐあとに続く文章も大切な役割を果たします。**最初の2～3行で読者の心をつかまなければ、すぐに読者は引き返してしまいます。**

そうならないよう、はじめに**「ここにはあなたに関係することが書いてあるよ」**とアピールします。

例 ダイエットネタなら、「『ジムに行ってもなぜか痩せない……』ということはありませんか？」「一生懸命ウォーキングやランニングに取り組んでいるのに、痩せなくて悩んでいたりしませんか？」と問いかける。

このように、**具体的に相手の状況や気持ちを書きます。** そうすると、あてはまる読者は「そうそう！　そうなんだよね」と、うなずきながら読み進んでくれます。

　または、「この記事はこんな人にお勧めです」と書いて、その下に箇条書きでターゲットになる人の特徴を３〜４つ書くのもいい方法です。

　とにかく、読者が「自分のことだ！」と感じてくれるようにします。**読者の気持ちを想像したうえで、「この記事はこんな人が読みたがるだろうな」と考え、その読者像をいくつかピックアップして書いておきましょう。**

● 先を読みたくなるような導入部の例

> 実際、以前は1日も我慢できなかった甘いものが、少なくとも今のところ1週間くらいは欲しくなくなっているんです🍰
>
> ポイントは、「我慢している感覚ではない」ということです。
>
> これが、今までのやめようとした時とは違うところです。
>
> やめられない理由は、わたしが考える限り、大きく分けて2つです。
>
> 今までやめられなかった人は、ここで理由をはっきりさせ、考え方を変えるきっかけとしてみてください！
>
> 考え方にしても行動にしても、何かを変えるというのは気力も労力も要するものですが、一度変えてしまえばあとはラクだし、その状態が普通になります。
>
> 「どうしたら甘いものをやめられる？」「なんとなく食べてしまうのはどうして？」「今までどんなにやめようとしても、失敗ばかりだった」と悩んでいる人は、ぜひ読んでみてくださいね♪

「甘いものやお菓子、間食をやめられないのはなぜ？　という疑問に終止符を打ちたい」
http://ruka-diet.com/stop-sweets/

> こんにちは、ルカ（@RUKAv2）です😊
>
> この間、友達にある本を勧められて読んでみたのですが、これが思った以上に良くて、ダイエットにも応用できそうな内容だったので、紹介してみたいと思います。
>
> 具体的には、
>
> - ダイエットでいつも挫折してしまう人
> - 健康的な食生活や運動を続けられない人
> - 「頑張ろう！！」と意気込むものの、すぐに飽きてしまう人
>
> におすすめの内容です。
>
> これ、わたしも結構当てはまります...💦

『エッセンシャル思考』をダイエットに応用してみた！　ダイエットが続かない人は必見。」
http://ruka-diet.com/essential-diet/

② 記事の内容と結果をはじめに明確にしておく

　読者に「あなたに関係があることだよ！」と伝えると同時に、記事の中に何が書いてあるのか、記事を読んだらどんな結果が得られるのかを明確にしておくのも、導入部分の役割です。

例　「痩せるためにお勧めの食材」について書いた場合 ⇒ その食材に関することはもちろん、「それらを使ったお勧めレシピや効用について紹介します！」と書けば、「自分にとっていい情報が得られそうだな」と期待してもらうことができる。

　また「これらの食材を毎日とるようにしたら、1カ月で3キロ痩せた」などと、最初に書いてあれば説得力も増しますし、何より早く先を読み進めたくなります。あなたもきっと経験があると思いますが、**インターネット上の情報は、どんどん飛ばし読みするもの**です。

　1冊の本を読むのとは違い、検索していろいろな記事を読んだり、SNSで情報を探したり、ひとつのブログやサイトに留まることはなかなか少ないものです。その中で、あなたの記事に目を留めてもらうにはどうすればいいのかを意識するようにしましょう。回りくどかったり、大事なところがどこなのかひと目でわからなかったりすると、読者は離脱してしまいます。**まずは結論から伝え、そのあと詳細を書いていくという流れで書いてください。**

　自分に必要なことがあるとわかれば、人は最後まで読み進めてくれます。

36 記事構成について ❷ メイン部分で読者に読んでよかったと感じてもらう

次に、記事構成の中で最も多くの範囲を占めるメインの部分には、読者に納得感を得てもらう内容を書いていきます。ただ情報を盛り込んでいくと文章が長くなるので、最後まで読んでもらう工夫をすることも大事です。

Check!
- ☑ 検索キーワードから記事にたどり着いた人が、何を知りたいかを考える
- ☑ 知りたいこと＋αの新しい内容を書くとより親切になる
- ☑ 最も長くなる部分なので、読みやすくなる工夫をする

① タイトルに含めたキーワードから、読者の知りたいことを想像する

記事のメイン部分には、タイトルに含めたキーワードをもとに読者の知りたいことを想像し、それに応じて内容を書いていきます。

例
「ジム　ダイエット　痩せない」といったキーワードでタイトルをつくったとしたら、このキーワードを検索窓に打ち込む人の気持ちを考える。

私だったら、「きっと、ジムに通っても痩せなくて、"どうしてだろう"って悩んでいるんだろうなあ」と、悩んでいる人になりきって考えます。

「ジムに通っても痩せない」と悩んでいる人は、こんな風に考える
- → ジムに通っても痩せない原因や理由を知りたい
- → どうしたらジムに通って痩せられるのかを知りたい
- → ジムに通わないで痩せられる方法を知りたい
- → 確実に痩せられるお勧めのジムを知りたい

手順としては、次頁のようにして書き進めます。読者が知りたそうなことをできるだけ丁寧に書くのがポイントです。

❶ タイトルに含んだキーワードをもとに、読者像を考える
❷ 考えた読者像が、どんなことを知りたがっているかを箇条書きにする
❸ 箇条書きにしたことを整理して書いていく

② 知りたいことを書くだけでなく、＋αの情報も足す

　タイトルに含まれたキーワードから、想像していた知りたいこと以上の内容が書かれていると、読者にとってはうれしいものです。先ほどの「ジムに通っても痩せない」と悩んでいる人の例で考えてみましょう。

例　「ジムに通わないで痩せられる方法を知りたい」「確実に痩せられるお勧めのジムを知りたい」があてはまる。

　ジムに通っても痩せない人は、その原因や理由を知りたいだけではなく、「どうにかして痩せたい」というのが本当の願いだと思います。できればジムに通う手間をかけずに痩せたいと思っているはず……、そこまで想像して書ければ、読者にとって最高の記事になります。**読者の求めることだけにとどまらず、本当の心の奥底にあるニーズを汲み取って応える**ようにしましょう。

③ 読みやすいように整理する

　あなたも記事を読んでいて、「長いなあ」と思って途中でやめてしまった経験はありませんか？　**文章自体がどんなに魅力的なものだったとしても、ずっと同じように文章だけが続いていくのは、どうしても疲れてしまうもの**です。そうした疲れを感じさせず、最後まで読んでもらうために、整理したり見た目を整えたりということが大事になってきます。

Advice　記事を最後まで読んでもらうコツ
❶ 見出しを使って先に項目を決める
❷ 見出しから書く内容を整理しておく
❸ 画像やイラストをところどころに挿入する
❹ 色や枠を使ってわかりやすくする

● 最後まで読んでもらえる記事の例

> **2.和食を中心に1品ずつ作る**
>
> 自分のお気に入りの1冊が決まったら、その中から、和食を中心に毎日1品ずつ挑戦していきましょう。
>
> せっかくダイエットに繋げるなら、やっぱり和食が一番です。
>
> その際、使う砂糖はきび砂糖かラカントなどを選び、なるべく急激に血糖値を上げないようにしましょう。
>
> 同じ砂糖でも、こういったものなら体に優しく、甘みもふんわりしていて良い感じです💕
>
> 一般的な砂糖に比べると高いけど、毎日使うものなら良いものを選んでください。
>
> > 💬 三温糖は黒いけど、精製された白砂糖とほとんど変わりないので、避けるようにしましょう。

→ 色つきの枠を挿入する。普通に枠を挿入するだけでもいい

「料理初心者、自炊が苦手＆めんどくさい人でも上手に食生活改善してダイエットする方法」
http://ruka-diet.com/cooking-diet/

> クッションファンデはスポンジでポンポン塗るものかと思ってたけど、お兄さんはブラシで塗ってて、「こういう塗り方もありなんですよ。綺麗に均等につくのでおすすめです」と教えてくれました。
>
> 「可愛い系と綺麗系、どっちがいいですか？」と聞かれ、「じゃあ可愛い系で！」とお願いしたら、大好きなピンク系のシャドーを使うことに😊
>
> 下の写真の右下のやつです

→ 画像を挿入する

「銀座松屋のDiorのメイクイベントに行ってきた！　クレンジングクリームとコンシーラー購入」
https://ruka-diet.com/dior-makeevent/

37 記事構成について ❸
まとめ部分で行動のあと押しをする

最後に、まとめ部分、結びの部分を見ていきましょう。導入・メインと一生懸命書いたら、あとは上手に締めくくれば理想的なのですが、適当になってしまっている人が意外と多く見られます。まとめは、読後感を大きく左右する個所です。読者に気持ちよく記事を読み終えてもらうためにも、最後まで気を抜かずに書き切りましょう。

Check!
- ☑ まとめは読者の行動をあと押しすることを意識する
- ☑ 内容の振り返りとまとめを書く
- ☑ 読者の背中をあと押しする言葉で、気持ちよく送り出す

1 最後まで手を抜かず、丁寧に書こう

「㉟ 記事構成について❶ 導入部分に興味を持ってもらえる内容にする」で、導入は読者の心をつかむために重要な部分だとお話ししました。それに対して、**まとめは読者の行動のあと押しをする部分**です。

タイトルに興味を引かれ、導入部分でワクワクし、本文もしっかり読んだのに、最後だけ雑な書き方だったら、ちょっと悲しいですし、違和感が残りますよね。

いくらいいことを書いても、最後に違和感が残ると非常にもったいないものです。ほんの少しの違和感で、読者はすぐに離れてしまいます。

私は、読んだ人に「読んでよかった」と思ってもらうために記事を書いています。

この「読んでよかった」を最後まで崩さないために、気を抜かないようにしています。

2 内容の全体を振り返り、読者の今後の行動につながる言葉をかける

書くべき内容は次の2つのどちらかにしましょう。

Advice 記事の締めに書く内容

① 内容全体を振り返る
② まとめのほかに、「あとがき」として自分なりの意見を書く

　上記のどちらでもいいと思いますが、**メインを書いてほったらかしではなく、記事全体の内容を受けて自分がどう思うかなどを、簡単に書き残しておくといい**と思います。
　それ以上に大事なのが、**「読者の今後の行動につながる言葉をかける」**ことです。先ほど書いたように、丁寧に見送るイメージがぴったりです。
　あなただったら、何という言葉をかけますか？
　きっと、「来てくれてありがとう」「また来てね」「がんばってね」「応援してるよ」というような言葉を想像するのではないでしょうか？
　私はいつも「少しでも参考になったらうれしいな」と思うので、**「少しでも参考になればうれしいです」**とそのまま書くことが多いです。
　また、ダイエットなら、痩せられなくて悩む気持ちや自己嫌悪に陥る気持ちがわかるので、励ましの言葉を送ることもあります。

　実生活でも、温かい言葉をかけられると、「がんばってみようかな」「やってみよう！」と思えますよね。それとまったく一緒です。
　どうせ読んでもらうなら、楽しい気持ち、うれしい気持ち、前向きな気持ちになってもらいたい。そういう気持ちを読者に届けることで、読者は気持ちよく記事を読み終えることができます。
　また、**読後感がいいと「もっと読みたい」と思ってくれることもあるので、あなたのブログの固定読者になるかもしれません。**
　ほんのひと言でも、あるのとないのとでは大きな差があるものです。
　読者の背中をあと押しする言葉、ぜひ取り入れてみてくださいね。

38 商品紹介記事を書くときのコツ

商品を紹介するやり方には、大きく分けて2種類あります。ひとつは、ノウハウやメソッドを伝える記事の中で、その内容にマッチした商品を紹介する方法です。よく記事中や記事下で商品やサービスについて紹介されていることがあると思いますが、それがこのケースにあてはまります。もうひとつは、商品を紹介するための記事を書く方法です。どちらのやり方も押さえておく必要がありますが、売り込み感が強くなってしまったり、何を書いていいかわからなくなったりして、後者が難しいと感じる人が多いようです。ここではそんな悩みを解消するためのコツを見ていきます。

Check!
- ☑ 商品紹介記事を書くときは、できるだけ情報の漏れをなくす
- ☑ 使ってみた(行ってみた)効果や感じたことをリアルに書く
- ☑ 「お勧めしたい人」を具体的に書く

① 関連する情報はできるだけ詳細に具体的に書く

　商品紹介記事を書くときは、まず十分な情報を集めるようにしましょう。
　大した根拠もないまま商品を紹介しても、「お勧めです！」「いい商品です！」といった上っ面な言葉が並ぶだけで、うさん臭くなってしまいます。

Advice　商品紹介記事で書くこと

例　化粧水

❶ 成　分	各成分がどんな影響をおよぼすのか
❷ 使用方法	効果的な使用方法など
❸ 使用感	テクスチャーは軽めなのか重めなのか
❹ パッケージ	実際に購入している場合はその写真も載せる
❺ 効　果	実際に購入していると、効果をリアルに感じてもらいやすい
❻ 値　段	効果に対する値段がお得かそうでないかが買う決め手になる
❼ お勧めしたい人	乾燥肌の人、メイクノリが悪い人など、具体的にお勧めできる人のイメージを伝える
❽ 今その商品を買うメリット	特典やお得なポイントがあればアピールする

4　もっと読まれる&稼げるブログにしよう！

ざっと考えただけでもこれくらいの項目は書けます。

これがもしお店やサービスに関するものなら、お店までのアクセスやスタッフの接客態度なども気になるところでしょう。

このように、**読者が気になると予測できる項目はすべて網羅**します。

私の経験則ですが、最低でもこれらの項目について詳しく書き、タイトルもしっかりキーワードを含めて考えると、3カ月～半年でかなりの確率で検索順位が1頁目に表示されるようになります。

丁寧に、詳細に、具体的に書くことを意識してみてください。

② 読者は「費用対効果」を知りたがっている

読者は、お勧めだということや、いい商品だということを知りたいわけではありません。その理由を詳しく知りたいのです。

もっといえば、**その理由と「買ってお得かどうか？」**を知りたがっています。

どんなに効果があるといわれても、それに見あう価格でなかったり、価格以上の価値はないと思ったら、きっと購入しないはずです。

私も自分のブログで、約1万3,000円の高価なまつげ美容液を紹介しています。つけまつげやまつげエクステと比較して長期的に見たときに、まつげ美容液のほうがお得なことをブログで伝えた結果、購入率がグンとよくなりました。

普通は「まつげ美容液に1万3,000円なんて出せないよ」となると思いますが、こうして費用対効果がいいと解説することで「なるほど、それはたしかにお得かも」と感じ、買う人が出てくるのです。

もし自分で使ってみて、いいと思って「紹介したい！」と感じた商品だったら、このあたりは自然に書けるはずです。

「最初は高いと思ったけれど、実際に使ってみたら……」という流れで書いたら説得力もあります。高いからといって価格を隠して紹介するより、素直に価格が高いことを伝えつつ、それをカバーする理由とあわせて紹介すれば、むしろ購入率は高くなります。

このように費用対効果をリアルに伝えられるという点でも、実際に購入してみる・使ってみることをお勧めしています。

● 費用対効果を段階的に納得させる例

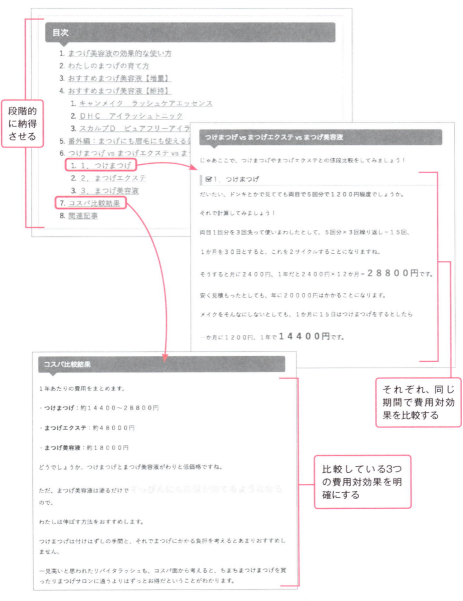

まつげを自力で伸ばす方法【まつげ美容液の使い方・コスパ比較】
http://www.kameyamaruka.com/entry/2014/11/07/140700

3 万人にお勧めできる商品はない

先ほど、Adviceの「商品紹介記事で書くこと」で「 **❼ お勧めしたい人** 乾燥肌の人、メイクノリが悪い人など、具体的にお勧めできる人のイメージを伝える」という項目がありました。

私は、ここを必ず書くようにしています。なぜかというと、「万人にお勧めできる商品はないから」です。いくらいい商品でも、あうあわないは人それぞれあります。それに、万人を対象とした商品がもしあったとしたら、その商品のコンセプトはとても曖昧なものになり、あまり魅力を感じなくなってしまいます。

そういうわけで、万人にお勧めできる商品はないからこそ、「この商品はこんな人には特にお勧めできる！」としっかりアピールすることで、あてはまる人には非常に響くものとなるのです。

例

「A、Bという人には
お勧めできる」 ＋ 「Cという人には
あまりお勧めできない」

あえて、お勧めできない人の例を書くことで、**誰にでも「これいいよ！　お勧めだよ！」とやみくもに伝えるよりは、「これは○○という特徴があるから、△△な人にはお勧め」と伝えるほうが、説得力がある**と思いませんか？

こうした点を意識すると、売り込み感の強い記事にはならず、説得力と信用性がある記事ができあがります。

そして決め手は、**「Cという人にはこちらのほうがお勧め」と、ほかにあう商品があればあわせて紹介する**ようにすることです。

39 記事のカテゴリーやタグを設定しよう

この項ではカテゴリーとタグの設定についてお話ししていきます。この2つはとても似ているものなのですが、違いをちゃんと理解して使い分けられるようにしましょう。私もよく「カテゴリーとタグってどう違うの？」「どうやって使い分ければいいの？」と聞かれることがあります。たくさん記事を書いてからカテゴリーやタグを設定するのは大変なので、できれば初期の段階から考えて分類していくようにしましょう。

Check!
- ☑ カテゴリーは大まかな分類、タグは細かい分類
- ☑ カテゴリーでカバーしきれない部分をタグで設定する
- ☑ タグに設定するキーワードは、記事の中から探す

1 カテゴリーは大まかな分類、タグはより細かい分類方法

2つの違いをシンプルに説明すると、次のようになります。

Advice カテゴリーとタグの違い
- ★ カテゴリーは大まかな分類
- ★ タグはより細かい分類

カテゴリーの決め方

ルカルカダイエットでは、ダイエットのほかにも脱毛や歯列矯正といった美容に関することを書いています。そこでは、ダイエットのカテゴリーの中に、子カテゴリーとして、「姿勢」「食生活改善」「ダイエットジム」「痩身エステ」といったカテゴリーをつくっています。

このように、どこまで話を広げて書くかによって親カテゴリーが決まります。カテゴリーが多すぎると見にくいので、必要があれば子カテゴリーをつくるようにしましょう。

● 親カテゴリーである「ダイエット」の中に、子カテゴリーをつくっている

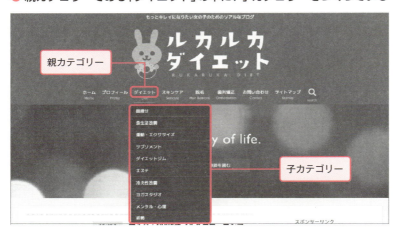

これからあなたが書いていく記事は、今後どれくらいの数のカテゴリーに分類されそうですか？ もし今の時点ではわからないということであれば、10〜20記事書いたあたりで1度、見直しすようにしましょう。

タグの決め方

タグは最初から決めずに、その都度決めていくようにします。コツとしては、記事の中に**繰り返し出てくるキーワードをピックアップする**ことです。

  姿勢について書いた記事 ⇒ 「骨盤矯正」「立ち方」「座り方」といった
　　　　　　　　　　　　　　　　　　　キーワードが出てくる

多すぎてもわけがわからなくなってしまうので、4〜5つくらいがちょうどいいです。**カテゴリーで設定しきれなかった細かい分類をするイメージ**で設定してみてください。

② カテゴリーとタグに関して気をつけたいこと

カテゴリーとタグの設定に関して、気をつけたいことが2つあります。

❶ 名前のつけ方に気をつける

カテゴリーやタグに設定するキーワードは、できるだけ検索エンジンに引

っかかりそうな言葉にしましょう。なぜかというと、カテゴリーやタグのページも、検索結果に反映されるからです。

「ダイエット」というカテゴリーに記事が増えてくると、そのダイエットのカテゴリーページ自体の評価が高まってきます。

もしこれが検索に引っかかりにくいキーワードだったとしたら、とてももったいないですよね。

そういうわけで、何となくつけるのではなく、しっかりキーワードを含めたカテゴリー名、タグ名を考えてみてください。

❷ 重複に気をつける

たとえば、働き方について書いているブログで、「仕事」と「転職」というカテゴリーがあるとします。非常によく似ているカテゴリーなので、書いている側もどちらを選べばいいかわからなくなってしまいます。そして、「仕事」と「転職」両方のカテゴリーページに属する記事がたくさん出てくると、2つのカテゴリーページの内容がほぼ同じになるということが起こり得ます。

すると**検索エンジン側に「重複ページ」として捉えられ、ページの評価が下がることがあります。**

あくまでも可能性があるということなので、多少似通ったページがあるからといってすぐに評価が下がるわけではありませんが、読者側からしても、似たようなカテゴリーやページがあると混乱してしまいます。

そういう意味でも、**似たようなカテゴリーはなるべく重複しないようひとつに絞り、それ以外はタグに設定する**という方法がお勧めです。

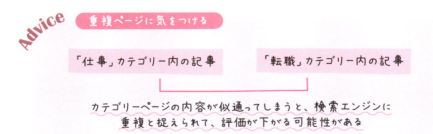

最初はあまり細かいことは気にしなくてもいいと思いますが、**記事が増えていくにつれ、少しずつ整理していってくださいね。**

記事の顔になるアイキャッチ画像を設定しよう

記事で最も重要なのは文章ですが、だからといってほかのことが重要でないということではありません。むしろ文章が大切であるからこそ、文章のよさを最大限伝えるために、ほかの部分も工夫することが必要なのです。そのための方法のひとつが、「アイキャッチ画像」を設定することです。アイキャッチ画像の役割や、設定する際の工夫について見ていきましょう。

Check!
- ☑ アイキャッチ画像は「記事の顔」
- ☑ 記事がシェアされたときのことも考えておく
- ☑ 魅力的なアイキャッチ画像をつくるために工夫をする

1 アイキャッチ画像の役割とは？

　アイキャッチ画像は、「記事の顔」です。タイトルのすぐ下（もしくは上）に来る画像で、記事の中で最初に目につく画像になります。また、FacebookやTwitterなどのSNSで記事をシェアしたときに、目を引いて読者を誘導する役割もあります。
　もしアイキャッチ画像が設定されていなかったら、はてなブログやWordPressの初期画像が表示されてしまうので、記事がシェアされたときにインパクトがなくなってしまいます。

● 目を引くアイキャッチ画像の例

文章だけだと埋もれてしまいがちな記事も、画像があるだけでパッと目を引くものとなり、クリックしてもらいやすくなります。このように、**アイキャッチ画像はタイトルと同様に、読者を記事に誘導するための大切な仕掛け**なのです。

② アイキャッチ画像を設定する際の注意点

アイキャッチ画像を設定する際に、気をつけてほしいことがあります。
それは、**使う画像の著作権**についてです。

インターネット上にはたくさんの写真やイラストがありますが、誰かのものを黙って使うのは、著作権に関わる問題になることがあります。あなたも、自分で撮った写真や描いたイラストが勝手に他人のブログに使われていたら、嫌な気持ちになって、すぐに取り下げてほしいと感じますよね。

でも、そうなると「何の画像なら使っていいの？」と疑問に思うかもしれません。誰でも何も気にせず使える画像として、**「フリー素材」**というものがあります。

フリーの写真素材のサイトはいくつもあり、有名なのが**「ぱくたそ」**です。見てみると、「この人見たことある！」という人の画像が出てくるはずです。

ほかにも、あるコンセプトに沿って運営しているサイトや、海外の画像を集めたサイトなどもあります。

このようなフリー素材サイトから選べば、著作権違反になることはありません。ただし、中には**クレジット表記が必要なフリー素材サイトもあるので、利用規約をしっかり読んで使うようにしてください。**

Advice 　お勧めフリー素材サイト一覧

- GIRLY DROP (http://girlydrop.com/)
- Unsplash (https://unsplash.com/)
- IM Free (http://imcreator.com/free)
- PEXELS (https://www.pexels.com/)
- ぱくたそ (https://www.pakutaso.com/)
- いらすとや (http://www.irasutoya.com/)
- FLAT ICON DESIGN (http://flat-icon-design.com/)
- Icon-rainbow (http://icon-rainbow.com/)
- FLATICON (http://www.flaticon.com/)

③ 慣れてきたら、アイキャッチ画像に工夫を施してみよう

　フリー素材から記事にあった画像を探してアイキャッチ画像にすることに慣れてきたら、アイキャッチ画像自体に工夫を施すのもお勧めです。
　フリー素材は自由に加工できるので、吹き出しをつけてみたり、記事のタイトルを載せてみたり、さまざまな工夫をすることが可能です。
　私も、最初はフリー素材をそのまま使っているだけでしたが、次第に「もっと目を引くアイキャッチ画像をつくりたい！」と思って、簡単な加工をするようになりました。
　さらに、私の写真を自分で切り取って吹き出しをつけ、完全オリジナルのアイキャッチ画像をつくるようになりました。

● オリジナルのアイキャッチ画像の例

　この本のもとになったブログ「ルカルカアフィリエイト」で、私自身がアイキャッチ画像になっているものはすべて自分でつくったものです。
　ほかにも、自分で描いたイラストがある人や、写真を撮るのが好きで撮り溜めている人は、そういった素材を有効活用してみましょう。
　記事の内容にマッチしているか、人の目を引くかどうかを考え、アイキャッチ画像選び・作成を楽しんでくださいね。

41

読まれる記事をつくるコツ ❶ **画像・イラストを入れ、読みやすくする**

どんなにいい文章だとしても、Web上の記事はどうしてもじっくり読まれにくい傾向があります。本と違って、わざわざ開いて読むというものではないために、「流し読み」してしまうからです。流し読みで終わらずに、「この記事、すごくよさそう！」と思ってもらうことができれば、真剣に読んでもらえるばかりか、ブックマーク・お気に入り登録、SNSでシェアしてもらうことにもつながるのです。そのために何に気をつければいいか、じっくり見ていきましょう。

Check!
- ☑ 「百聞は一見にしかず」は記事にもあてはまる
- ☑ 説得力を出したり、目を休ませたりするのに効果的
- ☑ PCとスマホ両方で、文章に疲れてくるタイミングを確認する

❶ 写真やイラストでしか果たせない役割を知る

「百聞は一見にしかず」とはよくいいますが、本当にそのとおりで、文章だけではどうしても足りないということがあります。もちろん、人に何かを伝えたり説得したりするということに関しては、文章が非常に大事になってくるのですが、写真やイラストでしか果たせない役割もあるのです。

ひと目見てわかるわかりやすさと説得力

私が書いているダイエットというジャンルでいうならば、ビフォーアフター写真が何よりの説得力を持ちます。「これをやって痩せました！」と書いてあっても、ビフォーアフターが変わっていなければ何も説得力はありません。

商品を紹介する場合も、「この商品を買って、こんなところがよかった」と文章で伝えるだけではなく、それに伴った写真を挿入することで、わかりやすさも説得力の強さも変わってきます。

写真やイラストは、記事の中で読者の目を休ませてくれる

パッと記事全体を見たとき、最初から最後まで文章ばかりの記事はあまり読む気になれませんが、記事のところどころに写真やイラストが挿入されて

いると、そこでいったん目を休ませ、また次の文章へ進むことができます。

特に難しい複雑な話になってきたときこそ、わかりやすいイラストでひと目見てわかるようにすれば、納得感を持って先に進むことができます。

私のブログ「ルカルカアフィリエイト」でも、サーバーやドメインに関する説明をしている記事がありますが、取っつきにくい人もいるだろうなと考え（私が最初そうだった）、イラストを交えて説明するようにしたら、「わかりやすい！」という声をいただくことが多くなりました。

● サーバーなどの難しい話も写真やイラストを入れると読みやすくなる例

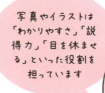

写真やイラストは「わかりやすさ」「説得力」「目を休ませる」といった役割を担っています

② 挿入する個所は、実際に自分の目で見て決める

写真やイラストを挿入するときのコツについてお話しします。

私はいつも、はじめに文章を書いて、そのあとに写真やイラストなどの画像を挿入するようにしています。

文章を入力しながら、複雑な説明が続いたときは「ここにはわかりやすいイラストが必要かも」と思いながら、該当個所に〈★イラストで解説する〉といったメモを入れておきます。文章を書き終えたら、まずパソコンでプレビュー（表示）を見て、「文章ばかりが続いて疲れるところはないか？」考えます。大丈夫そうなら、今度はスマホのプレビューで同様に確認します。

パソコンとスマホでは見える範囲や文章量に対する印象が変わってくるため、必ず両方で確認します。スマホの狭い画面で文章が続きすぎるように感じるところがあったら、目を休ませるために写真を入れてみます。

読者目線で自分の記事を見て、疲れないで最後まで読んでもらえそうか確認してみましょう。

Advice　読みやすい記事を書くテクニック

❶ 文章を書く
❷ 複雑な説明が続いた個所に〈★イラストで解説する〉とメモ書きを入れておく
❸ パソコンでプレビューを確認する
❹ スマホのプレビューを確認する
※ ❸ ❹ で、長いところ、読みにくいところに写真やイラストを入れる

パソコンからスマホ表示を確認する方法

手順1　**Chromeブラウザの場合**　右クリックで「検証」をクリックする。

❶右クリックする
❷クリックする

手順2　左上にあるアイコン🗖をクリックする。

クリックする

手順3　スマホ・タブレットなどさまざまなサイズで画面を確認することができる。

さまざまなサイズ
で確認する

読まれる記事をつくるコツ ❷
色・太字・枠を使う

わかりやすい文章の定義は人によってまちまちです。私の場合、わかりやすい文章は「メリハリがある」ことだと感じています。1番いいたいことは何か？ いいたいことの補足説明はどこか？　こうしたことが明確に示されていると、要点をつかみやすくなります。そのためのコツについて見ていきましょう。

Check!
- ☑ 実は、読者は「記事を読んでいない」
- ☑ 色や太字、枠を使うことで、要点を伝える
- ☑ 色は4色以上使わない

1　読者は「記事を読んでいない」？

　これまで何度か「読者は流し読みする傾向がある」とお話ししましたが、記事を読んでいない人はとても多いのです。
　最初にパッと見て、きちんと読むか読まないかを決めている人も多いです。 そのため、**パッと見たときにどれだけ要点を伝え、価値を感じてもらえそうかを考えることが大事**です。
　本文の中で、すべての1文1文が大切、なんてことはなかなかありません。大概、大事なことをいっているところが数カ所あって、周りの文章はそれを補足しているだけです。
　この「大事なこと」をパッと伝えるためには、見た目自体に装飾をして目を引くようにするのがお勧めです。

2　大事なことがざっくり伝わるかどうかを考える

　大事なことがざっくり伝わるかどうかをイメージしながら、色・太字・枠を使っていきましょう。

色で目立たせるけれど、色の使いすぎに注意する

　**何色を使ってもいいと思いますが、4色以上使うとわけがわからなくなって

しまうので、きちんと自分の中でルールを決めて使うようにしてください。

たとえば、注意点は赤、まとめは緑、というように決めてもいいですし、シンプルに大事なところだけ赤にする、というのでもいいと思います。私もはじめたてのころ、カラフルにしすぎてあとから見て「すごく見にくいな」と思ったことがありました。

Advice 私が使っている2種類の色の使い方

- ピンク色　本当に重要だと思うところ
- マーカー　意見や具体例、補足部分で大切なところ

● 私が使っている2種類の色の使い分け例

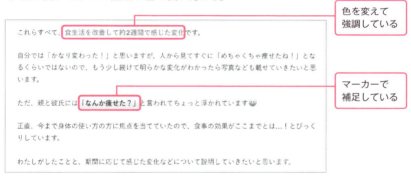

色を変えて強調している

マーカーで補足している

太字は重要なキーワードになる

太字は、見た目が目立つだけでなく、**検索エンジンに「このキーワードは重要なキーワードです」と伝える役割**もあります。太字にするには、HTMLタグを使います。太字にするHTMLタグは次の2つがあります。

Advice 太字にするHTMLタグは2つあるので注意する

`<strong></strong>`タグ	「その文字列を強調する」という意味が付与されて、検索エンジンに重要なキーワードだと伝える要素も含まれる
`<b></b>`タグ	純粋に太文字にするだけで、「強調する」という役割を持っていない

現在ではstrongタグもbタグも、検索エンジンに与える影響に大きな差はないといわれていますが、いつルールが変わるかわからないので、意識してstrongタグを使っておきましょう。ちなみに、はてなブログで「太字」を選択するとstrongタグになるのでとても便利です。

ただしSEO的にいいからといって、多用すると逆効果になります。**記事の中で主要となるキーワードを含む大切なところを選択し、使うようにしてください。**

枠で文章を整理して見やすくする

枠は、各項目のまとめなどで使うと非常に効果的です。**ところどころで「ポイント」などとして3行くらいで要約してくれていると、とても見やすいと感じます。**

● 枠組みを使って要点をまとめた例

私も長い記事をチェックするとき、こうした要約個所があれば、そこだけパッと確認してから詳細を読み込んでいきます。こんな感じで、ズラーっと並んでいた平坦な文章にメリハリをつけ、読みやすくしていきましょう。

43 読まれる記事をつくるコツ ❸ 改行・行間・スペース・句読点を効果的に使う

文章がギュッと詰まった記事を、たまに見かけることがあります。画像も入っているし色も使われているのに、どこか読みにくい……そんな風に感じてしまうことがあります。そういった記事は、文章がギュッと詰まりすぎていることが考えられます。特に今はスマホで見る人も増えたため、スマホ表示でのチェックは必須です。私のダイエットブログも、8～9割がスマホからの閲覧なので、スマホから見たときの印象や読みやすさは必ず確認するようにしています。今までは画像や文章の装飾という観点で見た目を気にしてきましたが、ここでは「文章自体の見た目」について気にしてみましょう。

Check!
- ☑ 1～2行ごとに改行する
- ☑ 行間が詰まりすぎていないかチェックする
- ☑ 句読点は、文章を声に出して読んで、自然な個所に入れる

① どれくらいで改行すればいい？

改行は、読みやすさに大きく関わります。パソコンとスマホで大きく違いが出るので、最も注意すべきところでもあります。ほかの人のブログを見ていると、改行の頻度は人によってさまざまです。ブログのジャンルや読者像によっても変わるので、正解はこれ！というものはありません。

私の場合は、1～2行ごとに改行するようにしています。

パソコンだと3～4行でも違和感はありませんが、スマホになると画面に入る文章がほとんどひと続きになるので、詰まった印象を与えます。

● **1行ごとに改行するとスマホでは読みやすい**

すべて1行ごとに改行すると読みやすくなる

167

② 文章の間、周りのスペースのバランスを見る

　ときどき文章と文章の間、行間のスペースが詰まっているブログを見かけます。また、文章同士の近さだけでなく、画面の端ギリギリまで文章が広がっていて、何だか違和感を覚えるということもあります。

　今の時代の文章は、**適度なスペースを持ちながら画面の中にきれいに収まっているのが、最も違和感なく読める**と感じています。**ギュウギュウの文章は敬遠されがち**です。

③ 句読点は読んだときに不自然でないところに入れる

　句読点が一切ない文章は、息継ぎなくしゃべりかけてくる人と同じです。想像してみると、疲れると思いませんか？　抑揚がなく、聞いているとだんだん疲れてくると思います。**逆に句読点が多すぎる文章は、1回1回話を区切ってゆっくりしゃべりかけてくる人と同じ**です。1文節ごとに区切られては、何だか会話のリズムが崩れてしまって、これはこれで疲れてしまいます。

● 文章をスラスラ読ませるには句読点が大切

> 今日は天気がよかったので散歩に出かけました。　×
>
> 今日は、天気が、よかったので、散歩に、出かけました。　×
>
> 今日は天気がよかったので、散歩に出かけました。　○

　このように、句読点は「文章のリズム」をつくる大事な役割を果たします。**違和感なくスムーズに読めるリズムをつくり出すには、頭の中で文章を再生し、しゃべりかけるときの区切りと同じところで句読点を打つことが必要です**。頭の中で考えづらい場合は、ぶつぶつ声に出してもいいでしょう。私もよくわからなくなったときは、こっそり1人で声に出して確認することがあります。

44 1記事の文字数は何文字くらいがベスト？

ひとつの記事の文字数はどのくらいにしたらいいのでしょうか。これから記事を書いていくうえで、文字数はある種の目安になる部分でもあります。最低でも600字以上は書けという人もいれば、1,000文字以上、2,000〜3,000字以上という人もいます。いったい、何文字が正解なのでしょうか？

- ☑ 文字数は「結果」であって「指標」ではない
- ☑ 自分が価値を生み出せる文章量はどれくらいなのかを考える
- ☑ 文字数は多ければいいというわけではない

1 文字数を指標にしない

　結論からいって、**「文字数は指標にするものではない」**と私は考えています。「何文字くらいがベスト？」という質問を根底から覆す答えとなりますが、私が今まで記事を書いてきて、「文字数は指標じゃなくて結果だ」ということに気づきました。

　どういうことかというと、「何文字以上ならOK」ということではなく、書いたあとに「これくらいの文字数になった」という結果を見るべきだということです。

　もし「1,000字以上ならOK」といってしまうと、1,000字を超えることを目標にして書いてしまう人が出てきます。そうではなく、**本当に読者のためになる記事を書いたなら、それが何文字でもいいのです。**

　文字数を指標にして記事を書くと、中身に対する意識が薄れてしまって危険です。

　考え方を変えてみましょう。あなたが価値を生み出せる文章量は、どれくらいでしょうか？

　たとえば、人気モデルなら、私服の写真をブランド名とともに掲載するだけで、ファンにとっては参考になるし、価値のあるものとなるはずです。そこに書いてある文字数は100字程度です。でも読者はそれで満足なんです。

　要は、**どんな形でもいいから価値を生み出せる、つまり読者のためになる**

ことを考えればいいということです。とはいえ、私は人気モデルでも何でもないので、価値を伝えるためには解説のほうが大切です。

　私なら、いいたいことをわかりやすく読者に伝えるのに、だいたい2,000～3,000字は必要とします。

　人によっては1,000字程度でコラム的なことを書くほうがあっていて読者も喜ぶということもあるので、一概にはいえません。私自身は、内容によっては2,000字以下で終わることもありますが、**1,000字程度だと自分で「中身が薄っぺらいな」と感じます。**

　こういったことから、文字数を指標にして考えることは、あまりお勧めしません。

　価値があると思える記事を書き、その「結果」として文字数を確認して、「だいたいこれくらいの文字数が自分の中でいい感じかも」と基準を持つようにしましょう。

② 文字数は多ければ多いほどいいのか？

　「コンテンツSEO」という言葉が流行り出してから、「文字数は多ければ多いほどいい」という認識をする人が増えました。

　私も一時期「そうなのかな？」と思っていろいろ調べたり考えたりしていたのですが、それは違うなという結論に至りました。

　たとえ文字数が少なくても、ユーザーにとって必要な情報が書かれているなら、それは十分価値があるものです。

　アフィリエイトを目的とした記事でも、だらだらと長く書くよりも必要な情報をシンプルに載せたほうが検索上位に上がり、申し込みが発生しやすくなることがあります。

　文字数を増やすために、あまり関係のないことやウソか真実かわからない情報を無理やり盛り込んで長くしたものは、価値があるものとはいえません。

　読者の役に立つと思った関連情報はどんどん入れてかまいませんが、ここでも文字数を指標にしてしまうと、おかしなことになってしまうのです。

　文字数は目安にしてもいいと思いますが、絶対的な基準とすると少し危険です。捉われすぎず、読者にとって価値のある記事をつくることを強く意識しましょう。

45 見出しを先につくっておくと、ボリュームのある記事になる

「見出し」は、記事の中で大事な役割を持っています。読む側が、何が書いてあるかひと目で理解できるだけでなく、書く側としても見出しを使って内容を整理しておくことで、矛盾なくテーマから外れることなく書けるようになります。また、「書いてもあまりボリュームのある記事にならない」「内容が薄い記事になってしまう」と悩んでいる人も、見出しを有効活用すれば、しっかりとした骨組みのあるボリュームのある記事を書けるようになります。見出しの重要性と、使い方について見ていきましょう。

Check!
- ☑ 見出しを先につくり、内容を整理する
- ☑ 項目を増やせば増やすほど、自然とボリュームのある記事になる
- ☑ 大見出しと小見出しの使い方に気をつける

1 見出しをつくって記事の全体像を把握する

　見出しをつくることで、記事の全体像を把握することができます。
　私は、ブログをはじめたころは上から順に書いていって、必要そうなところで見出しを入れていたのですが、今では先に見出しをつくるようになりました。
　大見出しを大まかに書き出し、さらに小見出しが必要そうであれば入れていきます。
　こうすることで、書いているうちにテーマと外れた内容になったり、結論がずれてしまったりすることを防げます。
　短い記事の場合でも、大見出し4つくらいはつくるようにしています。
　最初の3つは記事の中身を整理する内容で、最後の1つは「お勧め関連記事」として関連記事を手動でいくつかピックアップしています。
　見出しを考えた時点で何を書くかが大まかでも決定しているので、文章が書きやすくなります。
　どうにも記事が書きにくい人、内容が薄くなってしまう人は、見出しづくりからはじめてみましょう。

Advice ボリュームのある記事のつくり方

❶ 大見出しを大まかに書き出す → 短い記事でも4つ
- 最初の3つは「記事の中身を整理する内容」
- 最後のひとつは「お勧め関連記事」として関連記事を載せる

❷ 必要であれば小見出しを入れる → テーマや結論がズレない

② 見出しにキーワードを含める

　見出しには、大事なキーワードを含めましょう。
　ときどき、接続詞や特に意味のない言葉を見出しに持ってきている人を見かけますが、それはもったいないです。
　見出しは、ただ見た目が大きくなるだけでなく、h2やh3タグといったHTMLタグで囲まれています。HTMLタグをしっかり利用すれば、SEO的にも効果があります。
　見出しは、検索エンジンに「こんな内容が書いてあるよ」と伝える役割をしてくれます。
　そのため、記事の内容に深く関わるキーワードをできるだけ含めるようにしてくださいね。

●見出しに記事の内容に深く関わるキーワードを含めた例

レジーナクリニック銀座院への**アクセス**・**行き方**

レジーナクリニックは、アクセスがとても良いです。駅から歩いてあっという間に着きます。

カウンセリング開始！とってもわかりやすく丁寧◎

院内は、とっても綺麗でした✨

費用を抑えて**医療脱毛**したい人にダントツでおすすめ！

カウンセリングに行ってみて、

大見出しと小見出しの使い方に注意する

　大見出しと小見出しの使い方について、気をつけてほしいことがあります。たまに、大見出しひとつに対して小見出しひとつを使っている人を見ます。
　次のような感じです。

● **大見出しひとつに小見出しひとつの例**

　この構成だと、小見出しの必要性あるのかな？　と感じませんか？
　小見出しはあくまで、大見出しの中身をさらに整理する役割です。大見出しひとつに対して小見出しひとつでは、その役割を果たしていないことになります。この場合は、小見出しをすべて取ってしまってシンプルに大見出し4つにしてしまいましょう。もしくは、次のような構成なら正しい使い方といえます。

● **大見出しと小見出しを正しく使っている例**

　大見出しと小見出しをうまく使って、整理された読みやすい記事をつくりましょう。

記事の書き方残りの疑問総まとめ
本文の書き出しは何て書く？

記事の書き方全般で、疑問に思いそうなことや注意点についてまとめました。記事の書き出しやタイトル変更、キーワードの数や割合に関することなど、書いていくうちに「あれ？ ここってどうなんだろう？」と悩みそうなポイントについて見ていきます。

Check!
- ☑ 書き出しは挨拶、一般論、呼びかけがお勧め
- ☑ 記事のタイトルを変更するときは注意する
- ☑ キーワードの数や割合を意識すると不自然になる

1 「最初の書き出し」何て書けばいい？

　記事構成の説明をするところで導入についてお話ししましたが、「最初の書き出しって何を書けばいいの？」と疑問に思う人がいるはずです。**文章って、最初がすんなり入れればスムーズに書けることが多いですよね。** 子どものときの読書感想文や作文も、最初で詰まりませんでしたか？　肝心の最初で詰まると、どうにも進まないんですよね。

　私も悩んだことがあって、試行錯誤した結果、自分の中で3つのパターンをつくったので、順に見ていきましょう。

❶ 簡単な挨拶ではじめる

　ひとつ目は、簡単な挨拶です。最近はだいたい**「こんにちは、ルカ（@RUKAv2）です！」**といった感じで、Twitterのリンクとともに載せています。

　何かちょっとしたことをいうのが得意な人は、「こんにちは、最近○○で△△なルカ（@RUKAv2）です！」みたいな感じもいいですね。

　この方法のメリットは、**どの記事から入ってきた人にも名前を覚えてもらいやすい**ことです。

　毎回名乗るのはしつこいかな？　と思ったのですが、私は名前を覚えてもらうメリットを重視することにしました。

❷ 一般論からはじめる

「ダイエットは、運動と食事制限が1番大事だといわれることが多いですよね。でも実は……」といったぐあいに、一般論からのくつがえしで読者を引き込みます。

ここからはじまってもあまり違和感はないですが、先ほどの挨拶のあとに続く感じでもいいです。

❸ 呼びかけからはじめる

読者の悩みや疑問を汲み取る形で、「○○で悩んでいませんか？」というように呼びかけるやり方です。❷と同様に1文目からこれでもいいですし、挨拶のあとに続けてもいいですね。

この3つのいいところは、**書き出しをルール化することで、悩む時間を削減できる**ということです。ほかにもいろいろなやり方があると思うので、ほかの人のパターンも参考にしてみて、自分にとってのスムーズな書き出しを見つけていきましょう。

記事の骨組みができたらとにかく書きはじめて、完成形に近づけていくことが大切なのです。

② 記事のタイトル変更の際は、キーワードを大きく変えない

「記事のタイトルは、あとから変更してもいいの？」という疑問についてです。

ねらっているキーワードですでに検索上位に上がっている場合には、できるだけ変えないほうがいいでしょう。

私も実験してみたことがあるのですが、キーワードを変えずに少しタイトルを変更しただけでも、検索順位に変動がありました。

時間が経てばまた上がってくるのかもしれませんが、一時的に変動することが多いです。

もし今検索順位が上がっているなら、そのままにしておいたほうが無難です。

検索順位で上位になっていない場合でも、タイトルを何度も変更するのは

SEO的に得策とはいえませんし、定期的に読みに来てくれている人も混乱します。

　私の経験則からいって、最初にこれだ！　と思うものに決めたら、半永久的にそのままで様子を見るのが、お勧めです。

③ キーワードの数や割合は意識しない

　かつてSEOに関して、「キーワードの数や割合について考えるべき」といわれたことがありました。しかし、最終的に文章を読むのは、機械ではなく人間だということを忘れてはいけません。

　情報が豊富で文章が長くても、内容が難しすぎたり読むのに疲れたりすれば、読者は離れてしまいます。

　また、**キーワードを詰め込みすぎた文章は、日本語として不自然になり、読者にストレスを与えます。**

　「ダイエット」で上位を取りたいからといって「ダイエット」というキーワードばかり詰め込んだら、不自然な記事になることが想像できます。

　もし**キーワードについて考えるなら、同じ言葉を何度も詰め込むよりも、関連するキーワードを含めることをお勧め**します。

　コスメについて書くなら、「キャンメイク」「セザンヌ」「THREE」など具体的なコスメのブランド名を載せたり、ファッションについて書くなら、同様にブランド名やファッション用語を載せたりするといいでしょう。

　検索エンジンが認識できるよう、具体的なキーワードを意識して盛り込むようにしてください。

　とはいえ、はじめにお伝えしたように、文章を読むのは人間です。読者のメリットを第一に考え、記事を書いていきましょう。

キーワードの数や割合を重視すると、おかしな文章になってしまいます。「具体的に」「詳しく」書いていけば、自然と関連キーワードが含まれた文章になります！

47 デザインに凝る前に注意しておきたいこと

私は、ブログやアフィリエイトにおいて、デザインや見た目は必ずしも1番重要なものではないけれど、疎かにしてはいけないことだと考えています。誰でも、見たときの第一印象がいいもののほうが、強い興味を持ってくれるのではないでしょうか。文章の中身について考えたあとは、その文章をどうやって引き立たせ、いかに読者をブログに引き込むかということを考えていきましょう。

Check!
- ☑ 不快感や違和感がないよう、体裁を整える
- ☑ デザインや見た目改善に時間をかけすぎない
- ☑ ブログ全体をレベルアップさせていくイメージを持つ

1 読者に違和感や不快感を感じさせないようにする

デザインについて考えようというのは、おしゃれでかっこいいブログをつくろう、ということではありません。

もちろんおしゃれでかっこいい、かわいい、技術力がすごいブログも魅力的ではありますが、それは個人の好みです。あまりにも凝りすぎて逆に読者にとっては使い勝手の悪いものになってしまったら、運営側のエゴにもなりかねないので、気をつけないといけません。

では、何に気をつけてデザインや見た目を考えればいいのか？

それは、「**読者に違和感や不快感を持たせない**」ことです。

文章を読んでもらいたいのに、文章にたどり着くまでに違和感や不快感があったら、読者は文章に集中できなくなってしまいます。

根本的な問題でもあるのですが、レイアウトが大きく崩れているブログ、色が原色ばかりで目がチカチカして見にくいサイトなどに出会ったことはありませんか？　このようなブログやサイトは、中身を見られることなく「なんか見にくいなあ」と思われて、読者がどんどん去っていきます。

これってすごくもったいないですよね。

このような事態が起きないようにするため、せめて**読者に違和感や不快感**

は感じさせない、できることなら「いい感じだなあ」「見やすいブログだなあ」と思ってもらえるように工夫していきましょう。

② デザインに時間をかけすぎると本末転倒になる

デザインや見た目を考えるにあたって、気をつけてほしいことがあります。それは、**「デザインに時間をかけすぎないこと」**です。

私の失敗談なのですが、デザインや見た目にこだわりすぎてしまって、全然記事を書いていなかったことがありました。そうなると当然、肝心な記事が増えないので、アクセス数も収益も伸び悩みます。最も大切な「記事を書いて発信する」ことを疎かにし、デザインにこだわりすぎてしまったんです。

もちろんブログをよりいいものにするために、たくさん考えたり工夫したりすることは必要ですが、**「1番大切なのはやっぱり記事を書くこと」**です。

デザインや見た目は、はじめは必要最低限でかまいません。

私も最初のころは、適当にテンプレートを設定して、あとはただただ記事を書き続けていました。ほかに何をやっていいかわからなかったからというのもありますが、結果的にそれが、確実にアクセスを伸ばしたことになり、よかったんだと思います。

あなたも、この本を読んだりインターネットやほかの本で情報を仕入れたりしているうちに、「やることがいっぱいあるんだなあ」と感じて、あれもこれもとやりたくなってしまうかもしれません。

でも、「焦らないで1つひとつ進めればいい」と何度もお伝えしているとおり、**ひとつのことを丁寧に進めることを忘れない**でください。

ダイエットするときに「食事制限＋ランニング＋半身浴＋マッサージ＋ストレッチ＋ヨガ、全部明日からがんばる！」といって、3日経たないうちに挫折してしまうのと同じように、いっぺんにいろいろとはじめて続けられるなんてことはまずありません。

あれもこれもと手を出さず、まずは記事執筆に集中し、デザインや見た目にこだわりすぎないようにしてくださいね。

③ 文章、デザイン、構成、全体をレベルアップさせるイメージ

私が今までブログを続けてきて感じたのは、**「すべての作業を順繰りに進め**

ていくと飽きない」ということです。

　最初は記事を一生懸命書いていたのですが、だんだん記事を書くことに飽きてくるようになります。

　そこで、ブログのデザインや見た目改善に取り組むようになりました。

ある程度見た目が整うと満足してきて、愛着もわき、「また記事を書こう！」という気持ちが起こります。

　ほかにも、読者が各記事にアクセスしやすいように内部構造を整えるなど、ほかのこともちょこちょこ手をかけ、全体をレベルアップするようなイメージで続けてきました。

●ブログの作業は順繰りに進めていくとモチベーションが上がる

　最近では、ダイエットブログのロゴを知りあいの人に頼んだらすごくかわいいものができあがって、「愛着わいたー！　記事いっぱい書こう！」とモチベーションが高まりました。こんな風に、ブログ全体に少しずつ手を入れていくやり方は、モチベーションを維持していくうえでとても大切なことです。

　デザインに関しても、おしゃれなブログや完成度の高いブログを見ていると、「私もこうしたい！」なんて思う人が多いと思いますが（私もそう思ってました）、そう思ってデザインだけに集中してしまうと、ほかのことが疎かになってしまいます。

　自分のペースで、少しずつで大丈夫です。**私も焦ったり、ほかの人のブログを見てすごいなあと思ったりもしますが、コツコツ記事を書いていくことがまずは１番大事です。**と、自分に言い聞かせながら楽しんで続けています。

　本末転倒にならないよう、デザインを含め、少しずつブログ全体を成長させていきましょう。

48 デザインのテーマを選ぼう
全体の雰囲気を決める！

ブログの雰囲気を大きく左右するのが、デザインのテンプレートです。「テーマ」と呼ばれることも多いです。このテーマは、ブログサービスによっていろいろありますが、今回お勧めしているはてなブログでは、本当にたくさんの種類のテンプレートが用意されています。ここではテーマの選び方のポイントについてお話ししていきます。今後WordPressでブログを構築する際にも役立つと思うので、ぜひ覚えておいてください。

Check!
- ☑ 2カラムのテーマがお勧め
- ☑ 「もともと完成しているテーマ」か「カスタマイズしやすいテーマ」に分かれる
- ☑ 写真やイラストメインの場合は、画像が大きく見えるテーマを選ぶ

1 お勧めのカラム数はいくつ？

まず、お勧めのカラム数についてお話しします。

「カラム」というのは、ページの縦の列のことです。一般的には1カラム、2カラム、3カラムとあります。1カラムが最もシンプルで、上から下にまっすぐ視線が流れていくデザインです。

それに対して、2カラム、3カラムのブログは、メインコンテンツのほかにサイドバーがあるので、視線に横の動きが入ってきます。

1カラムは、個人的にはここぞというときに使うのがお勧めです。

例
> **1カラムが最も集中して読んでもらえる** 自分の事業や商品についてがっつり紹介したいとき、メインコンテンツのみをしっかり見てもらいたい場合

3カラムは、サイドバーが2列あるので、その分入れられるコンテンツが増え、情報量が多くなります。ただし、情報量があまりにも多いと読みづらくなってしまうこともあって、読者が混乱してしまうことがあります。

3列に視線を動かしてブログやサイトを見るのって、意外と集中しないと難しいですよね。

こうした情報量や読みやすさの点を考えると、**カラム数は「２カラム」がベスト**だといえます。ジャンルや好みのデザインによって分かれるところではあると思いますが、これまで見てきた中でも、全体の割合として圧倒的に２カラムが多いです。

また、人の視線の動きに関して、「Fの法則」「Zの法則」というものがあります。Fの法則はウェブサイト、Zの法則は紙媒体にあてはまるといわれています。

● Fの法則例

● Zの法則の例

ウェブサイトにあてはまるといわれるFの法則を考えると、左側により見てほしいコンテンツを設置すると効果的です。つまり、**メインコンテンツを主に見てもらいたい場合にはメインコンテンツを左、サイドバーを見てもらいたい場合はサイドバーを左というように配置する**のがお勧めです。

② 「完成しているテーマ」か「カスタマイズしやすいテーマ」か

2つ目のポイントは、最初からほとんど完成しているテーマをそのまま使うのと、カスタマイズしやすいシンプルなテーマを選ぶのとどちらがいいか見ていきましょう。

どちらもメリット、デメリットがあります。

まず、**ほぼ完成しているおしゃれなテーマ、つまりあまり手を加える必要がないテーマは、記事執筆に集中することができます。**実際に、いろいろ設定したり自分の好みにしあげたりするのは、相当時間がかかります。

そうした時間を省き、自分好みのテーマを使って記事執筆に集中したいという人には、はじめから完成しているテーマがお勧めです。

ただ、**おしゃれなテーマは、当然のことながら誰もが使いたがる傾向が強く、その分人と被ってしまう可能性も高くなります。**

それに対してシンプルなテーマは、カスタマイズしやすいものが多く、誰かのブログと被ることもなくなり、差別化をしやすいことが特徴です。

カスタマイズに時間をかけると、自然と記事執筆の時間が減ることになるので、そのあたりのバランスを考える必要はあります。

「自分好みのブログやサイトにしたい！」と思う人は、カスタマイズしやすいシンプルなテーマがお勧めです。

● はてなブログのテーマストア
http://blog.hatena.ne.jp/-/store/theme/

いろいろなテーマが選べる

私ははてなブログで最初は完成したかわいいテーマを使っていましたが、そのうちHTMLやCSSについて勉強するようになって「もっと自分好みのデザインにしたい！」と思い、シンプルなテーマへと切り替えました。

あなたはどちらがよさそうですか？　考えてみてくださいね。

③ 見せたいものによってテーマを考える

3つ目のポイントは、「何をメインコンテンツとするのか？」です。

「もちろん文章でしょ！」という人もいると思いますが、中には写真やイラストがメインの人もいます。

趣味で写真をやっている人、イラストや漫画を描くのが得意な人、料理が好きでレシピやつくったお料理を紹介したい人、旅行が好きな人など、**文章と同等かそれ以上に何かしらの画像を見てもらいたい人は、それを引き立たせるテーマにするのがお勧め**です。

例
写真やイラストがメインのブログやサイト
⇒ 記事一覧に文章しか表示されなかったらちょっと寂しい

見せたいものが文章のほかにもあるなら、そういったものをしっかりアピールできそうなテーマを選ぶようにしましょう。

はてなブログ簡単カスタマイズ ❶
見出しのデザインを変更する

ここからは、簡単なカスタマイズ方法を見ていきます。まずは小さなところからカスタマイズしていくことで、少しずつ自分のブログに変化が生まれ、楽しくなり、愛着もわいてくるようになります。私もはじめてカスタマイズしたときは、「意外と簡単に変えられるんだ！」と感動して、とってもワクワクしました。まず手はじめに、「見出しのデザインを変更」してみましょう。簡単なのにおしゃれに見えるカスタマイズなので、ぜひ挑戦してみてください。

Check!
- ☑ 下線、左側ワンポイント、四角の3種類の見出しをつくってみよう
- ☑ 1行加えるだけで印象が大きく変わる
- ☑ どのコードが何を表すか知っておくと便利

① ピンク色の下線が入ったシンプルな見出しにしてみよう

では、お勧めの見出しデザイン3パターンを紹介します。
　そのまま写してもいいですが、それぞれのコードが何を表すかも一緒に確認すると応用が効くようになります。
　まずは、とってもシンプルな下線の見出しデザインです。

● 見出しに下線を引いた例

> 腰痛・肩こりなどの痛みを引き起こす
>
> 骨盤が歪むと、体に痛みが出てきます。これが厄介で、わたしも本当に悩まされました。腰痛や肩こりだけでなく、首こりや頭痛、座骨神経痛、脚のだるさなど全身が痛くて仕方ありませんでした。
>
> 程度によると思いますが、骨盤が歪むと体のどこかに影響が出ます。**骨盤が体の中心部分だと考えると、中心が歪んだ場合他の部分で支える必要が出てきます。**頭痛なども一見何の関係もないように思えますが、骨盤は背骨と連携しているので頸椎にも影響が出て、頭まで影響が及ぶということが起こり得るのです。
>
> スタイルが悪くなる
>
> 「骨盤矯正をやってみたい」と考える人の多くは、体型に気になる部分があることがほとんどです。

手順1 はてなブログの「ダッシュボード」→「デザイン」をクリックする。

手順2 タブの真ん中にある「工具マーク」→1番下の「デザインCSS」を選び、次のコードをクリックして貼りつけるか入力する。最後の「}」まで忘れないようにする。

```
.entry-content h3{
    color: #333333;
    padding: 10px 10px;
    border-bottom: 3px solid #ea618e;
}
```

ここまで入れる

見出しの装飾に関するコードを、先ほどのコードで見てみよう

今回の見出しの下線は、本書では青色で表現されていますが、実際には私

Advice 大見出し・中見出し・小見出しに下線をつける

はてなブログでは、「大見出し＝h3」「中見出し＝h4」「小見出し＝h5」というコードで表される。

> **例** 〈h3〉はてなブログの見出し〈/h3〉となっている場合、大見出しとなり、このh3をh4、h5と変更することで、中見出し、小見出しへと変化する。

↓

> **例** 大見出しを下線つきの小見出しにするなら、「.entry-content h3」を「.entry-content h5」に変える

の好きなピンク色になっています。これを、**ほかの色に変えたい場合は、「border-bottom」の列の「#ea618e」を好きな色のコードに変更します。文字色を変えたいときは、「color」の列のコードを好きなものに変更してください。**

「WEB色見本 原色大辞典（http://www.colordic.org）」や「色見本と配色サイト（http://www.color-sample.com）」などを見るとカラーコードの一覧が載っているので、あなたの好きな色に変更してみてください。

また、下線と文字の距離を広げたい場合は、「padding」の1つ目の数字を大きく、狭くしたい場合は小さくします。2つ目の数字を変えると、左右の幅を調整できます。

最後の「border-bottom」のところでは、線を太くしたい場合は「3px」を大きい数字に、点線にしたい場合は「solid」を「dotted」にすればOKです。

また、上下線にしたいときは、上記のコードに「border-top: 3px solid #ea618e」をプラスすれば簡単にできます（追加する場所は{ }内ならどこでも大丈夫です）。

何となくコードのしくみがわかってもらえたでしょうか。では、もっと詳しく見ていきましょう！

 見出しの下線の左側にワンポイントを入れてみよう

次は、先ほどの下線の左側にワンポイントをつけ足してみましょう。

● 見出しの下線の左側にワンポイントを入れた例

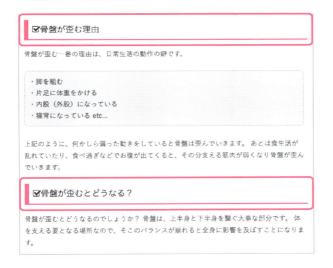

```
.entry-content h3{
    color: #333333;
    padding: 10px 10px;
    border-left: 10px solid #ea618e;
    border-bottom: 3px solid #ea618e;
}
```

- ワンポイントと文字の距離を変える
- 下線の左側にワンポイントを入れる

4行目を足しただけですが、また印象が変わったものになります。

もし左側のワンポイントと文字の間の距離を広げたいと思ったら、「padding」の2つ目の数字を大きくしてください。狭くしたいと思ったら小さくします。

コードの意味がわかってくると、自由に調整できるようになって楽しいので、ぜひ少しずつ覚えていってください。

3 見出しを四角で囲んで、文字を白くしてみよう

最後は、インパクト強めの見出しです。大見出しにお勧めです。

● 見出しを四角で囲んで文字を白くした例

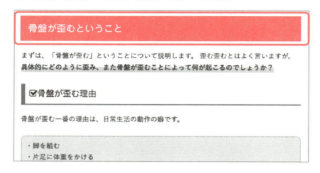

```
.entry-content h3{
    color: #ffffff;
    background: #ea618e;
    padding: 15px 15px;
}
```

- color: #ffffff; → 文字の色を変える
- background: #ea618e; → 四角の色を変える

これで四角い見出しのできあがりです。四角自体の色を変えたい場合は「background」のカラーコードを、文字色を変えたい場合は「color」のカラーコードを変更してください。

また、**丸みをもった四角にしたい場合は、「border-radius: 5px;」をつけ足してください。**

より丸みを強めたい場合は、数字を大きくします。

ほかにもいろいろ装飾のしかたはあるので、「見出し　デザイン」などと検索してみて、自分の好みのものを見つけてみてくださいね。

Advice ルカお勧め・見出しの装飾ポイント

大見出し	四角
中見出し	左側ワンポイント
小見出し	下線

50 はてなブログ簡単カスタマイズ ❷
サイドバーにコンテンツを追加する

2つ目に紹介するカスタマイズは、サイドバーにコンテンツを追加する方法です。サイドバーに何をどのような順番で入れるかによって、読者のブログ内の行動は変わってきます。そういったことも意識しながら、サイドバーを整えていきましょう。

Check!
- ☑ サイドバーの変更は自由自在!
- ☑ プロフィール、フォローボタン、人気記事、サイト内検索は必ず入れよう
- ☑ TwitterやFacebookのフィードを追加するのもお勧め

1 はてなブログのサイドバーカスタマイズ方法

はてなブログのサイドバーのカスタマイズはとっても簡単です。

手順1 はてなブログの「ダッシュボード」→「デザイン」→「工具マーク🔧」→「サイドバー」を選択する。

手順2 下のほうにある「モジュールを追加」をクリックすると、いくつかの項目が出てくるので、ここから好きな項目を選択し、必要な情報を入力して左下の「適用」をクリックする。

❶ 🔧をクリックする
❷「モジュールを追加」をクリックする
❸ 設定する
❹「適用」をクリックする

ブログ本文と同じように編集できる「HTML」という項目もあり、自由度は高いです。慣れてきたらいろいろ試してみてください。

② 必ず追加しておきたいコンテンツとは？

必ず追加しておきたい、お勧めのサイドバーの項目を見ていきましょう。

まず、外せないのが「**プロフィール**」です。記事に興味を持った人は、「この記事、どんな人が書いているんだろう？」と気になります。**どんな立場・経歴の人が書いているのかを知ることによって説得力が増したり、共通点があれば親近感を感じてもらえるきっかけにもなる**でしょう。

次に、「**フォローボタン**」です。**Twitterのフォローボタン**や「**読者になる**」**ボタンを追加しておけば、読者とつながったり、またブログを見に来てもらえたりします。**さらに、「**人気記事**」の一覧や「**サイト内検索**」も追加しておくと、**ブログの回遊率が上がるのでお勧め**です。この4つはぜひサイドバーに追加しておいてください。

● サイドバーに入れておきたい項目

③ サイドバーカスタマイズ応用編

サイドバーのカスタマイズでもうひとつお勧めのが、「**TwitterやFacebookなどのフィード**」を追加することです。プロフィールと同様に、あなたのことを知ってもらうきっかけになったり、読者と気軽にコミュニケーションを取れるようになります。私の移転前のブログでも、TwitterとFacebookのフィードを追加していました。では、Twitterのタイムラインのフィードを表示するように設定してみましょう。

手順1 https://publish.twitter.com/にアクセスします。

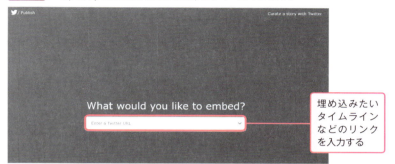

埋め込みたいタイムラインなどのリンクを入力する

手順2 埋め込みたいタイムラインなどのリンクを入力して「Embedded Timeline」、ボタン追加なら「Twitter Buttons」をクリックします。

このコードをコピーする

手順3 はてなブログの「ダッシュボード」→「デザイン」→「工具マーク🔧」→「サイドバー」→「モジュールを追加」→「HTML」に貼りつけて「適用」をクリックする。

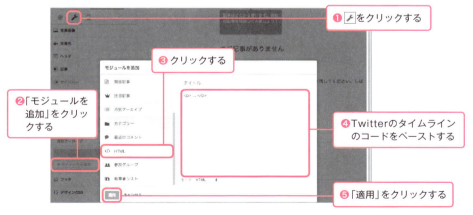

❶🔧をクリックする
❷「モジュールを追加」をクリックする
❸クリックする
❹Twitterのタイムラインのコードをペーストする
❺「適用」をクリックする

これであなたのタイムラインがブログのサイドバーに表示されるようになります。

はてなブログ簡単カスタマイズ❸
お問いあわせページをつくる

ブログに絶対必須！ といえるのが「お問いあわせページ」です。お問いあわせページを設置することで、読者から感想や質問をもらったり、仕事の依頼を受けたりすることができます。思わぬ連絡が舞い込んでくる可能性もあるので、お問いあわせページは必ず設置しておいてください。はてなブログでは、今のところお問いあわせページをつくれる機能がないので、今回は「Googleフォーム」を使って簡単につくってみましょう。

Check!
- ☑ 「Googleフォーム」でお問いあわせページをつくる
- ☑ お問いあわせページのリンクを貼りつけるか、記事に埋め込む
- ☑ わかりやすい場所からリンクを貼っておく

① 「Googleフォーム」でお問いあわせページをつくろう

では、実際に「Googleフォーム」を使ってお問いあわせページをつくってみましょう。

手順1 「Googleフォーム」の公式ページ（https://www.google.com/intl/ja_jp/forms/about/）にアクセスし、Googleアカウントでログインする。

クリックする

手順2 「新しいフォームを作成」で「空白」をクリックする。

クリックする

手順3 フォーム作成画面で、「タイトル（無題のフォーム）」を「お問いあわせ」に変更する。「無題の質問」を「お名前」に変更して「ラジオボタン」を「記述式」にし、右下の「必須ボタン」をONにする。右にある「🞥（質問を追加）」をクリックして質問を追加する。
同様に「返信用アドレス」「件名」「お問いあわせ内容」の3つの項目をつくる。
※ 私はこれらにプラスして、読者からの感想や質問を題材に記事を書くときのために、「ブログ内での引用OKかNGか」を選択で選んでもらうようにしています。ほかにも追加したい項目があれば、その都度つけ足します。

❶ 項目名を変更する

❷ 質問を追加する

手順4 右上の「👁」からプレビューを確認し、大丈夫そうなら右上の「送信」ボタンをクリックする。

　作成した「お問いあわせフォーム」の貼りつけ方法は次の2つがあります。
　ひとつは「お問いあわせフォームはこちら」という文字にURLがリンクされ、作成したページへ飛ぶ方法。
　もうひとつは、ページを丸ごとブログ内に埋め込む方法です。こちらの方法は、そのまま公開してしまうと新規記事としてアップされ、読者は「いきなり何だろう？」と思ってしまうので、過去の日時（1年前の日付など）に設定してこっそり投稿しておくようにします。

手順5-1 **リンクをコピーしてブログに貼りつける方法**
　「送信」ボタンをクリックして表示された画面で、「送信方法」の真ん中にある「🔗」をクリックする。表示された「リンク」の下のURLをコピーする。

　サイドバーからリンクさせたい場合、サイドバーの「モジュール追加」から「HTML」を選択し、次のコードを貼りつける

```
<a href="お問いあわせフォームのリンクURL">お問いあわせフォームはこちら</a>
```

手順5-2 HTMLの埋め込みコードをコピーして記事として公開する方法

「送信」ボタンをクリックして表示された画面で、「送信方法」の右にある「< >」をクリックする。表示された「HTMLを埋め込む」の下のURLをコピーする。新規記事を書く画面で、「HTML編集」タブをクリックして貼りつけて公開すると、記事自体がお問いあわせページとなる。

❶ クリックする
❷ コピーする

● 記事に貼りつけた「お問いあわせフォーム」を表示した例

　以上2つが、Googleフォームでつくったお問いあわせページをブログにリンクさせる方法です。
　また、**はてなブログProなら固定ページを作成できるので、それを利用してお問いあわせページを作成する**のもお勧めです。

すぐたどり着ける場所にリンクを貼っておく

大事なのは**「読者がすぐにお問いあわせページにたどり着けること」**です。

「感想や質問を送りたい！」「仕事の依頼をしたい！」と読者が思ったときに、「あれ？　どこだろう……」とすぐに見つけられず探さないといけなくなったら、ちょっと不親切ですよね。

そうならないように、**プロフィールページやサイドバー、グローバルメニューなど、読者の目に留まりやすい場所にお問いあわせページへのリンクを貼っておく**のがお勧めです。

私はすぐわかるよう、グローバルメニューに「お問いあわせページ」を設置するようにしています。

思いがけないチャンスは、お問いあわせページからやってきます。必ずつくっておいてくださいね！

●「お問いあわせフォーム」をグローバルメニューに貼っている例

グローバルメニューに貼っておく

52 「iMageTools」で画像のサイズをまとめて変更する

記事を書くとき、画像を何枚も挿入したいことがあります。商品やお店の紹介記事や旅行記事などは、自然と画像の枚数が多くなりますし、画像をたくさん使ったほうが読者に喜ばれます。そんなとき、サイズの大きな写真をそのままアップロードすると、記事を読み込むときにページのデータ量が増大し、表示に時間がかかってしまうので、事前に画像のサイズを小さなものにしておくのがお勧めです。私がいつも使っているアプリを紹介します。

※ iMageToolsはMac専用アプリです。Windowsユーザーは「縮小専用。(http://forest.watch.impress.co.jp/library/software/shukusen/)」がお勧めです。

Check!
- ☑ 画像を一括リサイズして時間短縮する
- ☑ 名前を一括変更することで、管理しやすくする
- ☑ 画像の保存はDropboxやiCloudを利用するのがお勧め

① iMageToolsで画像を一括リサイズ・リネームする方法

iMageToolsは、とてもシンプルで使いやすいアプリです。

私は主に画像の一括リサイズとリネームのみを目的として使っていますが、直感的に使えて非常に便利です。名前の変更とリサイズを同時にすることもできます。

画像を一括リサイズする方法

手順1 iMageToolsを起動し、Finderからリサイズしたい画像をドラッグ&ドロップする。

画像をドラッグ&ドロップする

手順2 右上の「Resize」をONにし、好きな項目とサイズを選ぶ。**例** 幅500ピクセルにするなら、「Fixed Width」を選択し、その下に「500」と入力する。

❶ ONにする
❷ リサイズするサイズを入力する

手順3 下にある「START」をクリックし、表示されるウィンドウで保存先を選択して「Save」をクリックすれば完了。

❷ 保存先を選択する
❸ クリックする
❶ クリックする

画像を一括リネームする方法

手順1 iMageToolsを起動し、Finderからリネームしたい画像をドラッグ&ドロップする

画像をドラッグ&ドロップする

手順2 右上の「Rename」をONにし、名前を設定する。**例** cosmeという商品紹介の記事の画像なら、「Name」を消して「cosme」と入力し、枠の中に「Number」をドラッグ&ドロップすると、「cosme1」「cosme2」となる。

❶ ONにする
❷ 「cosme」と入力し、枠の中に「Number」をドラッグ&ドロップする

手順3　下にある「START」をクリックし、表示されるウィンドウで保存先を選択して「Save」をクリックすれば完了。

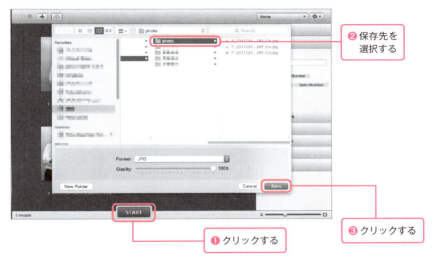

❶クリックする
❷保存先を選択する
❸クリックする

　ドラッグ＆ドロップして、設定したらSTARTボタンを押すだけなので、とても簡単です。
　たくさんの画像のサイズや名前を1枚ずつ変更するのは疲れるし時間もかかるので、こうした便利なアプリをどんどん使っていきましょう。

② 作業の効率化を図り、管理をしやすくする

　一括リサイズしたりリネームしたりするのは、時間短縮や管理のしやすさに大きく影響します。手間が省けるのはもちろん、まとめて連番でリネームしておけば、あとから見たときに何の記事に使った画像かすぐにわかります。
　私はよく**「パーマリンク（カスタムURL）」に入力した英数字の文字列をファイル名に割りあてる**ことが多いです。また、画像の保存はローカルディスク（自分のパソコンの中）ではなく、クラウド（オンライン）に保存しておけば、パソコンの容量がいっぱいになることを防げます。
　私は**「Dropbox（http://www.dropbox.com/ja/）」に画像やファイルを保存しています**。スマホで撮った写真もDropboxに入れておけば、パソコンから確認・編集することができます。できるだけ作業を少なくし、効率化して、記事執筆に時間をあてられるよう工夫してみてください。

53 「ibisPaint X」でスマホ・タブレットからオリジナルイラストをつくる

「記事内で簡単なイラストを挿入したい」「ちょっとした説明のために図を描きたい」という人には、「ibisPaint X」というアプリがお勧めです。私はこのアプリを知ってから、自分で描いたイラストとフリーアイコンを組みあわせて、図を挿入することが多くなりました。簡単なイラストから本格的なイラストまで、何でも自由自在に描けるので、ぜひ使ってみてください！

- ☑ スマホからでもタブレットからでもOK
- ☑ メモ書きが本格的なイラストへ！
- ☑ 描いた画像をほかの画像と組みあわせることも可能

1 ibisPaint Xの基本的な使い方

「ibisPaint X」を使いこなして本格的なイラストを描く人もいますが、ここでは基本的な使い方を見ておきます。「スマホやタブレットでイラストを描く」と聞くと、ハードルが高いように感じるかもしれません。でも、実はとっても簡単にできるんです。**オリジナルのイラストはブログの差別化にもつながるので、ぜひチャレンジしてみてください。**

記事内に気軽にイラストを挿入できるようになったら、自分のブログにもっと愛着がわきますよね。iPhoneでもAndroidスマートフォンでも使えますが、今回はiPhoneでやってみます。

手順1 紙にイラストを描く。多少適当でもかまわない。イラスト全体が写るように、スマートフォンで写真を撮っておく。

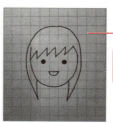

❶イラストを描く

❷スマートフォンで写真を撮る

手順2 ibisPaint Xを起動し、「マイギャラリー」をクリックする。「+」ボタンから「写真読み込み」をクリックし、撮影したイラストを選択して読み込む。サイズは「推奨」を選択し、線画抽出は「OK」する。読み込まれた画面で「✓」をクリックする。

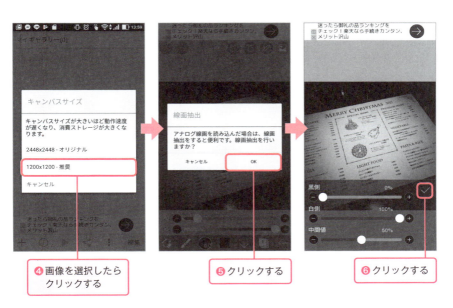

`手順3` 新規レイヤーを追加し、選択する。ブラシツールを選択し、ブラシの種類を選択したら、読み込んだイラストをなぞっていく。拡大縮小可能なので、スマホからでも意外ときれいになぞることができる。

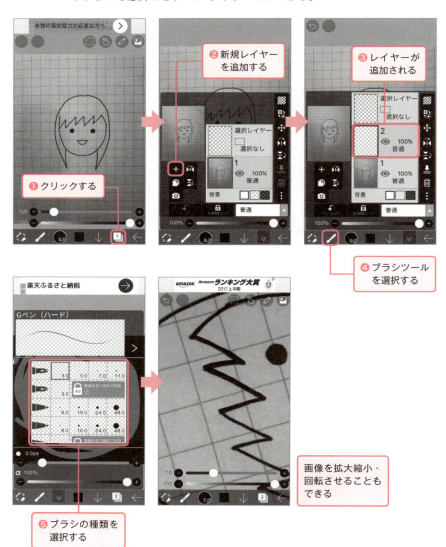

手順4 もとの画像をなぞったら、レイヤー画面でもとのイラストのレイヤーにある「👁」マークをクリックして、表示をいったん消し、描いたイラストを確認する。きちんとなぞれていたら、もとのイラストのレイヤーは削除する。なぞれていなかったら、再度「👁」のマークをクリックし、なぞった線を修正して下絵をしあげていく。

目が白くなっていれば、表示されない

手順5 下絵が完成したら、ブラシツールパレットから塗りつぶしツールを使って色を塗っていく。完成したらマイギャラリーへ戻る。

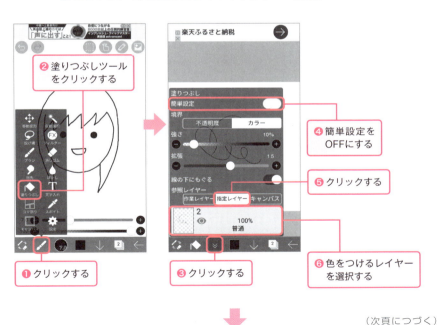

❶クリックする
❷塗りつぶしツールをクリックする
❸クリックする
❹簡単設定をOFFにする
❺クリックする
❻色をつけるレイヤーを選択する

（次頁につづく）

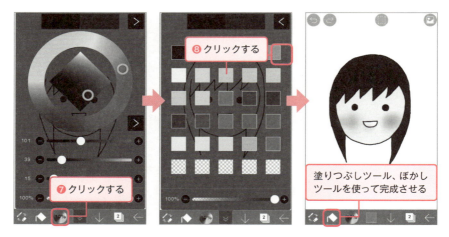

手順6 マイギャラリーへ戻り、該当するイラストを選択し、ファイル形式（JPEG形式）を選んで保存する。

　最初はレイヤー画面の選択や消去などで戸惑うかもしれませんが、何度か試しているうちに、使い勝手がわかってくるので、いろいろな機能を試して、操作に慣れましょう。

② 描いたイラストの背景を透過させ、ほかの画像と組みあわせる

　背景を透過させるにはいろいろな方法があります。画像加工ソフトを使ってもいいですし（私は「Pixelmator」というPhotoshopに少し似ている安くて買い切りのアプリを使用しています）、スマホやタブレットのアプリで「背景 透過」などと調べると、たくさん見つかります。

54 画像を明るく・おしゃれに見せる写真加工アプリ3選

せっかく撮った写真なら、できるだけきれいに見せたいですよね。今では、カメラがなくてもスマホさえあれば高画質のきれいな写真を撮ることができます。私も、ブログ用の写真はほとんどスマホで撮っています。しかし、中には光が入っていなくて暗かったり、色あいがあまりよくない写真もあります。そんなときに、写真を明るく、そしておしゃれに見せてくれるお勧めの写真加工アプリを紹介します。少し手を加えるだけでグッと印象がよくなるので、ぜひ試してみてください。

- ☑ 「Foodie」で料理や風景の写真を素敵におしゃれに！
- ☑ 「Analog Paris」はピンクに加工するだけでなく、写真を一気に明るくできる
- ☑ 「Camera360」は多彩なフィルタを持つ写真アプリ

1 「Foodie」で雰囲気のある素敵な写真へ大変身

　Foodieは、本来料理をおしゃれにおいしく見せるためのアプリですが、風景などもおしゃれに撮れる効果があります。

　横にスライドさせるだけで写真の効果を変えられるのもとても便利で使い勝手がいいです。

　料理を撮る人はもちろん、料理以外の写真を撮る人も、フィルタの種類が豊富で、楽しい写真が撮れるので、ぜひ1度使ってみてください！

フィルタの種類が豊富

② 「Analog Paris」はかわいいだけじゃない！

　Analog Parisは、写真全体がうっすらピンクっぽくなってかわいく加工できると話題のアプリで、私も実際に使ってみてハマりました。何といっても、かわいいピンクに加工できるのはもちろん、写真全体の明るさがアップするんです！

　かわいさを求めていない人でもこれはお勧めです。うっすら暗い店内の写真でも、フワッと明るいイメージの写真へと簡単に加工できます。

　また、ピンクの色あいや強さもいろいろあり、明るさも調節できるので、加工度あいを抑えたい人も安心して使えます。

　有料アプリですが、かなり使えるアプリなので、この機会にぜひインストールしてみてください。

写真がフワッと明るくなるフィルターがたくさんある

③ 「Camera360」のフィルタの数がすごい！

　Camera360は、とにかくフィルタの数が多いアプリです。

　無料で追加できるフィルタが数多くあり、選べないくらい種類が豊富です。その豊富さゆえか、自撮りのためのアプリとしても人気を集めています。

　本当に微妙なニュアンスを大切にしたい人や、「この写真はこんなイメージで撮りたい！」という考えがある人にお勧めです。

フィルタの種類が豊富なうえに、左側の「もっと」から、さらに追加できる

55 アフィリエイト広告の効率のいい選び方

記事を書くのは慣れたものの、アフィリエイト広告の選び方がいまいちわからないという人や、ASPに登録して広告を探すとなっても管理画面で手が止まってしまう人のために、お勧めの選び方を伝授します。広告・案件の選び方に正解はありませんが、効率のいい探し方、収益化を目指すならお勧めしたい選び方がいくつかあります。

Check!
- ☑ 興味のあるジャンルの案件にひと通り目を通す
- ☑ 人気がある商品の広告を選ぶ
- ☑ 単価と成果地点から、収益の得やすさを確認する

① まずは、興味のあるカテゴリーの全体像を知る

あなたが、**各カテゴリーの案件の報酬相場を知らないのなら、まずは興味のあるカテゴリーの全体像を知ることからはじめましょう。**

なぜかというと、アフィリエイト広告は、ただ貼っても収益があがるわけではありません。

突然ですが、ここで質問です。初回3,000円前後のエステ体験の報酬は、だいたいどれくらいで、成果地点はどこだと思いますか？

答えは、最も多いパターンだと、報酬は「約5,000～8,000円前後」、成果地点は「来店完了」です。

アフィリエイト広告にはたくさんのカテゴリーがあります。最初からすべてのジャンルの案件の相場を知ることは大変ですが、**少なくとも自分の扱うカテゴリーの全体像を把握しておきましょう。**

たくさんの案件を眺めていると「あ、こんな案件もあるんだ！」といった意外な発見もありますし、相場や傾向がわかれば、そのジャンルを扱って収益化できそうか、どんなやり方ならうまく収益を生み出せるかといった見通しがつくようになってきます。

また、各ASPの案件にざっと目を通しておくことで、「〇〇〇という案件はⒶのASPにはあったけど、ⒷのASPにはない」とか、「〇〇〇の案件の報

酬は❸のASPのほうが❹のASPよりも高い」といったASPによる違いを知ることもできます。

こうしたことを見逃さないためにも、ぜひチェックしておいてください。

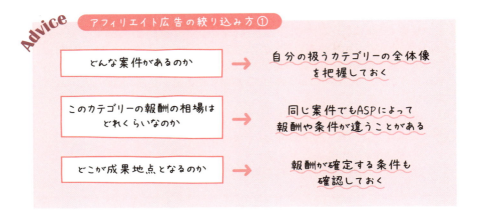

● A8.netのカテゴリー絞り込み欄

② 人気がある商品、見たことがある商品を選ぶ

　同じカテゴリー内で紹介する商品を探すとき、「どの商品が有望か？」というのは大事なチェックポイントです。

　身近な例で、シャンプーを題材に考えてみましょう。CMや雑誌などでよく目にする最近人気の❹というシャンプーと、見たことも聞いたこともない❸というシャンプー、あなたならどちらに手が伸びますか？　同じような書き方で紹介されていたとしたら、❹を選びますよね。

　何も知らない商品よりも、多少の情報が自分の中にあって、さらに「実際に多くの人が使っている」となれば、使ってみたくなりますよね。

　人は、人気があるものが好きです。「最近渋谷においしいケーキ屋さんができたらしい」と聞けば、どんなに行列ができていても、みんな並びます。そうした評判が続くかぎり、人が途絶えることはなかなかありません。

　そうした心理と同じで、**紹介する商品も、できるだけ馴染みのあるものを選ぶ**ようにします。

　また、**リンク先のランディングページ（商品紹介ページ）は必ず確認**してください。どんなにいい商品でも、ランディングページの良し悪しで売れ具合が変わります。

　私たちブログ発信者ができることは、リンクを踏んでもらうところまでです。読者に欲しい気持ちになってもらい、背中を押してあげることだけです。背中を押しても、リンク先で気持ちが盛り下がれば、購入には至りません。商品自体の認知度とランディングページの確認は忘れないようにしましょう。

Advice　アフィリエイト広告の絞り込み方②

★ できるだけ馴染みのある商品やサービスを選ぶ
★ リンク先のランディングページ（商品紹介ページ）が買いたいページになっている商品を選ぶ

---

③ 単価と成果地点で案件をふるいにかける

　収益化を真剣に考えているなら、報酬単価と成果地点の2つは確認必須です。 ここを見ずに商品を選んで売ろうとすると、いつまで経っても報酬が月1,000円を超えないことになってしまいます。

報酬単価は、次のように商品によって幅があります。

例
- **エステ体験の報酬** 5,000〜8,000円
- **化粧品** 1,000〜5,000円前後
- **脱毛** 1万円前後

例外はありますが、仮にこれを基準とすると、1件あたりの報酬は化粧品が安めだと気づくはずです。しかし、ここで気をつけたいのが成果地点です。

化粧品は注文が確定すれば報酬となりますが、エステ体験や脱毛は「来店」が成果地点なので、実際にお客さんが店舗に足を運ぶことが必要です。

中には予約をキャンセルしたり、当日体調不良で行けなくなったなんて人も出てくるでしょう。そうなると、成果は「否認」されてしまうのです。

要は、「**1件いくらの収益を何件上げたら自分の目指す収入となるのか**」、それに「**成果地点のハードルは高すぎないか**」といったことも視野に入れて広告を選ぶようにします。

もちろん「いいと思った商品を売る」というのは基本で、私もそうしているつもりですが、**どの案件が報酬を得やすいのか考えておいて損はありません。**

アフィリエイト広告は、この流れに沿って慎重に選んだほうが結果は出やすいはずです。2つ3つと似たような案件があって迷ったときに、どれを選んだらいいかの基準にしてみてください。

申し込みが多いブログに成長すれば、「**特別単価（特単）**」が出たり成果地点のハードルが下がったりして、より報酬を得やすくなります。効率的に案件を選択し、成果を伸ばすことで、さらに好条件を得られることもあるので、**最初の案件選択はおろそかにしない**ようにしましょう。

56 アフィリエイト広告のクリック数を劇的に上げる方法

いくらアフィリエイト広告のリンクを貼っても、クリックされなければ意味がありません。読者に納得してもらったうえで、いかにリンクをクリックしてもらうかが重要です。中には誤クリックやとにかくクリックしてもらうことをねらったりする人もいますが、それでは結局成約しないのでクリック数だけが伸び、肝心の報酬は得られません。本気で「商品を購入したい！」という気持ちになってもらって、リンク先へ誘導する方法をマスターしてください。

Check!
- ☑ 特典や今すぐ買うべき理由を提示する
- ☑ 文章の流れの中にアフィリエイト広告を組み込む
- ☑ 根拠を述べて、読者の不安、心配、不信感を取り除く

1 読者の背中を押すひと言を意識する

アフィリエイト広告をクリックしてもらうというのは、意外とハードルが高いものです。ある程度のところまで興味が高まらないと、リンクを踏む気にはなりません。

そのために、**読者の背中を押すひと言を添える**ことを意識してください。

商品を買うときは、あなたも経験があるかもしれませんが、「あとでもいいや」と考える人がたくさんいます。「たしかにいい商品だけど、今買わなくてもいいかな」と先延ばしにしてしまうのです。

そうすると、当然報酬は発生しません。

必要以上にあおったり、セールスしたりすることはお勧めしませんが、**今すぐ買ったほうがお得、この記事のリンクから買うとこんなにお得ですよというきっかけがあるなら、それをしっかり伝えておくべき**です。

例
- ・何かしらの特典がついてくる
- ・送料が無料になる
- ・入会金が無料になる　など

あなたのリンクから買うことで読者にとってお得なことが起こるのであれば、それは強力なあと押しになります。

また、**アフィリエイト広告は「文章の流れの中に組み込む」**という考えで入れていきましょう。

ブログ記事を読んでいて何の脈絡もなく唐突にアフィリエイト広告が出てきたら、きっと違和感を感じます。それを防ぐために、**前後の文章との関係を考え、自然な流れでアフィリエイト広告にたどり着き、自然な流れでクリックしてもらえるよう配置や文章を考えます。**

流れとしては「❸⓼　商品紹介記事を書くときのコツ」で紹介したとおりですが、次のような言葉とともにリンクが貼られていれば、クリック率は格段に上がります。

> **例**　「こんな人にお勧め！」というところで、「今なら豪華なサンプルがついてきます！　数量限定なのでお早めに」などという言葉とともにリンクを貼る

読者目線になって記事を読み進め、コンバージョン率を最大化できるアフィリエイト広告配置を考えてみてください！

② 根拠を述べながら、クリックを妨げる感情を取り除く

クリック率を上げるもうひとつの方法として、**読者のマイナス感情を取り除く**というものがあります。具体的には、不安、心配、不信感などです。

人は「値段以上の価値がある」と思ったときに購入に至ります。もし不安や疑問があれば購入には至らず、もっと調べてから買おうと考えるでしょう。

そうすると、あなたの記事からは離脱し、読者はリンクを踏むことはありません。

反対に、**あなたの記事ですべての不安や疑問を解決できたら、きっと読者はリンクを踏みます。**

不安や疑問には次のようなものがあります。商品やサービスによっても異なりますが、これらに根拠を持って答えることができれば、読者はすっきりした気持ちで商品の購入に進むことができます。

例

- 本当にいいものなの？　⇒　自分で実際に使った感想を書く、有名人やタレントが使っていることを書く
- 効果はある？ 損はしない？　⇒　実際に使ってみて効果を実感したことを伝える
- 値段はどれくらい？　⇒　正確な値段を記載。安すぎたり高すぎたりする場合は、その理由や費用対効果も書く
- すぐに届く？　⇒　商品によってはできるだけ早く手に入れたい人もいるので調べて（体験して）記載する

● 商品紹介記事と商品リンクの例

> とにかく体に良いのはわかってもらえると思います。
>
> また、食事の支度が10分前後で済むのもとてもありがたいです😊
>
> ここで、「こういうのって、体に良いのはわかるけどまずそう…」と思った人はいませんか？わたしは実はそう思ってました…（汗）
>
> こういう系の食事セットってあんまり美味しくなさそう
>
> という先入観があったんです。
>
> でも、実際に頼んで一口食べてみたら、その予想を見事に裏切られました…！
>
> 実際の食事の様子をぜひご覧ください😊

不安や疑問を取り除いている

商品に対する不安や疑問を代弁し、率直な感想を述べている

　このように、調べたり体感したりしてわかった根拠をもってしっかりと読者の不安や疑問を解消することで、クリックへのハードルが下がるどころか、「早く商品がほしい！」と思ってもらうことも可能です。

SEO編
ロングテールキーワードを考える ❶

アクセスアップの基本軸となるのは、検索エンジン対策（SEO）です。TwitterやFacebookなどのSNSで話題性（バズ）をねらうのもひとつのアクセスアップの方法ですが、SNSに左右されないアクセスが積み重なってこそ、ブログの安定的な運営が可能になります。そのためには、タイトルや記事の中でのキーワードを考えることが大事です。まずは「ロングテールキーワード」について考えてみましょう。

※「❸ 記事タイトルには必ずキーワードを含めよう」と関連

- ☑ 常に3〜4語のキーワードを含むようにタイトルを考える
- ☑ キーワードツールを参考に、ニーズがあるかどうか調べる
- ☑ 100人ではなく、たった1人をイメージして書く

❶ ロングテールキーワードの考え方

「ロングテールキーワード」は、複数の単語を組みあわせた検索ボリュームの少ないキーワードのことです。

わかりやすい例で、ダイエット関連のキーワードを見ていきましょう。

たとえば、「ダイエット」や「お腹痩せ」などはビッグキーワードです。「ダイエット」で1位を取ったら、かなりの検索サイトからの流入が見込めます。だからといって、私がダイエットのキーワードで1位を取ろうとしても、ライバルが多すぎてとても1位にはなれません。

そもそも「ダイエット」と検索する人は「ダイエットしたいのか」「ダイエットしたいとしたらどこを細くしたいのか」「運動が好きなのかそうじゃないのか」「どれくらいの期間で何キロ痩せたいのか」、具体的な人物像がまったく思い浮かびません。中には「ダイエット」の意味自体を知りたがっている人も多いと思います。その読者層に対してアフィリエイト広告を見せても、クリックなんてしないですよね。

悩みに沿った読者の人物像が具体的に思い浮かべられないなら、どんな記事を書いたらいいのかわからなくなってしまいます。

そこで考えるべきなのが、「ロングテールキーワード」なのです。

ダイエットしたい人の中にもいろいろいて、「2カ月 10キロ 痩せたい」「太もも 裏側 ぷよぷよ なくしたい」など、かなり具体的に検索する人がいます。

ここまで検索する人に向けて書いたほうが、**読者にピンポイントで断然響く記事になります。**

ロングテールキーワードはたしかにビッグキーワードやミドルキーワードほどの検索ボリュームはありませんが、ある一定の層に的確に届く記事をつくることができます。広い場所で何百人の人に大声で呼びかけても無視されてしまう確率が高いですが、狭いところで同じ考えを持った数人の人に呼びかけたら聞いてくれますよね。それと同じです。

また、ビッグキーワードになればなるほどライバルが増えます。みんな簡単に思いつくキーワードなので、すぐにビッグキーワードをねらおうとする人もたくさんいます。

それに対して**ロングテールキーワードは読者の数だけ存在するといっても過言ではないので、想像力やツールを使って考えることができれば、ライバルと戦わずに間をすり抜けて検索1位を取ることもできる**のです。

● ロングテールキーワードは目標ターゲットに確実に届く

2　想像して考えるロングテールキーワードとは

キーワードを考えるとき、まず私がお勧めする方法は**「想像力を駆使するやり方」**です。

書こうとしている内容をもとに、「この記事を読みたがる人はどんな人だろ

う?」と読者像をいくつか書き出し、その中からピックアップして伝えたい人=ターゲットを決定します。その読者の気持ちを考え（もし想像してわからない場合は、Yahoo!知恵袋などで検索し、読者の気持ちや状況を汲み取るのがお勧め）、気持ちの中からキーワードを拾っていきます。

● 気持ちの中にキーワードのヒントがある

最初のうちはイメージするのが難しいと思いますが、慣れれば頭の中でサクサクできるので繰り返しやってみてください。何事も練習です！

58 SEO編
ロングテールキーワードを考える ❷

前節ではロングテールキーワードの基本的なことや想像力を使ったキーワードの考え方についてお話ししました。ここでは、想像力だけでなくツールを使ったキーワードの候補の探し方や、ロングテールキーワードのさらに深い考え方を見ていきます。ロングテールキーワードに対する考え方をしっかり深めておくことで、アクセスアップにつながるだけでなく、読者の心に響く記事を書けるようになります。

- ☑ キーワードツールを使ってキーワードの候補を探す
- ☑ 100人に向けてではなく、特定の1人に向けて書く
- ☑ ロングテールキーワードを積み重ねてビッグキーワードを取る

❶ お勧めのキーワードツール

私がときどき使っているキーワードツールを紹介します。

ただし、最初からツールを使ってキーワードを探すことはあまりお勧めしません。なぜなら、**同じようにツールを使ってキーワードを探す人とぶつかる**からです。

もちろんそのキーワードで内容の濃い記事を書ければいいのですが、同じやり方でキーワードを探すとライバルは自然と多くなります。

もちろん、ツールで探して計画的に書いていくのがあっていて効率がいいのならそれでいいかもしれませんが、まずは想像から入り、それを確かめるという目的でツールを使うようにしましょう。では、お勧めのキーワードツールを2つ紹介します。すべて無料で利用できます。

A ラッコキーワード

ラッコキーワードは、私が最もよく使うキーワードツールです。
想像してキーワードを思いついたとき、「サジェストキーワードにあるかな？」と確認のために使うことが多いです。

また、右側に「Googleトレンド」が表示されるので、そのキーワードが今後検索されるかどうか、どれくらいの伸び率があるか、同時に調べることが

できるのも素敵なところです。

　キーワード一覧の下のほうには、検索したキーワードに関連したYahoo!知恵袋も出てくるので、ネタ探しにも使えます。

● ラッコキーワード　https://related-keywords.com/

B OMUSUBI

　OMUSUBIは、ぜひ1度使ってもらいたい面白いキーワードツールです。

　サジェストキーワードを、視覚的に確認できます。キーワードがどんどん枝分かれして、関連しているキーワードを知ることができます。

　こちらは、**想像したキーワードの確認というよりは、想像力を広げるために使うのがあっています。**

● OMUSUBI
http://omusubisuggest.appspot.com/

② 特定の1人に向けて書く

　先ほど紹介したキーワードツールの中には、最も利用者の多そうな

Googleが提供しているキーワードツール「キーワードプランナー」はあえて挙げませんでした。

去年から広告費をかけないとボリューム数（検索された回数）を見ることができなくなった＝有料ツールになったというのもありますが、**そもそもボリューム数は見る必要がない**と考えているからです。

思えば、私がブログを書きはじめてから、ボリューム数を見ることはほとんどありませんでした。「このキーワードはどれくらい検索されているんだろう？」と思って調べたことはありましたが、それ以外は使っていません。

検索ボリュームが多いキーワードは、アクセスを呼び込むのにはたしかにいいと思いますが、ライバルが多いことやターゲットの読者像が曖昧になってしまいがちなことを考えると、あえてねらう必要はありません。

たとえていうなら、ボリュームの多いキーワードをねらうのは100人に向けて書くようなものです。それよりは特定の1人に向けて書くほうが刺さりやすく、コンバージョンもしやすくなります。

「このキーワードはボリューム数が少ないから書かなくていいや」と考えるのではなく、「たった1人のためにこそ書く！」というつもりで書くようにしましょう。

ボリューム数はあくまで目安だと考えてください。

③ ロングテールキーワードの積み重ねでビッグキーワードを取る

ロングテールキーワードを考えて記事を書いていると、うれしいことが起こります。

それは、ミドルキーワードやビッグキーワードで検索上位を取れるということです。

必ず取れるというわけではありませんが、**ロングテールキーワードでしっかりユーザーのキーワードを汲み取った記事を書いていけば、その上の階層のキーワードに影響を与え、さらに上のビッグキーワードさえも上位表示される可能性がある**のです。

フワフワとターゲットの決まっていない記事を書き続けるよりは、少人数に向けた内容の濃い記事を書いていったほうが、土台が強固なものになるわけです。

4 もっと読まれる＆稼げるブログにしよう！

59 SEO編 Google AnalyticsとGoogle Search Consoleを有効活用する

Google AnalyticsとGoogle Search Consoleを有効活用し、SEO対策に活かしていきましょう。Google Analyticsは、アクセスが増加した場合に、その理由を探るのに使います。前日より大幅にアクセス数が増えたとき、増えたことを喜ぶだけでなく、どの記事がどれくらい読まれて増えたのか、その理由を知ることによって今後書く記事の方向性も考えることができます。Google Search Consoleは、流入キーワードを探る場合に使用します。キーワードを把握し、表示回数や検索順位を知っておくことで、改善策が見えてきます。

- ☑ Google Analyticsで、アクセス数の内容を知る
- ☑ Google Search Consoleで流入キーワード、表示回数、検索順位を知る
- ☑ 新しい記事の題材にしたり、改善点を見つけるきっかけにする

1 Google Analyticsでアクセス増加の理由を知る

アクセス数が増加したら、増加前と増加後を比較し、その理由を調べてみましょう。

手順1 Google Analyticsのダッシュボードから、「行動」→「サイトコンテンツ」→「すべてのページ」を選択し、右上の期間から比較したい日にちを選択する。

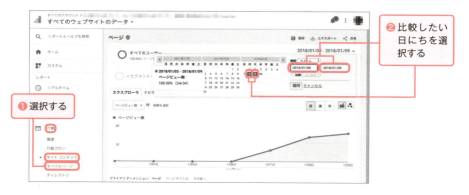

手順2 各記事のページビュー数やページ別訪問数を確認する。

ページビュー数、ページ別訪問数

アクセス数の増減が大きなときは、この方法で調べてみると原因がわかります。また、記事別のアクセス数だけでなく、流入元なども調べることができます（**手順3**）。

手順3 **手順2**の比較状態で、「集客」→「すべてのトラフィック」→「チャネル」を選択する。検索からの流入が増えたのか、それともSNSからなのかまで詳しくわかる。

❶選択する
❷アクセスしてきた元がわかる

アクセス数に一喜一憂するだけでなく、その理由を知って、今後の記事作成やブログの改善に活かしていきましょう。

② Google Search Consoleでキーワードを確認する方法とその見方

Google Analyticsで確認できるキーワードは少なくなってしまいましたが、Google Search Consoleがあるのでまだまだキーワードの情報を得ることはできます。

手順 Google Search Consoleのダッシュボードから、「検索トラフィック」→「検索アナリティクス」を選択し、「クリック数」「表示回数」「CTR」「掲載順位」にチェックを入れる。

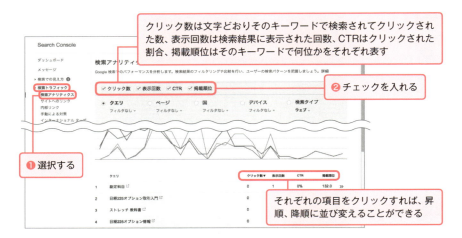

Google Search ConsoleがGoogle Analyticsと違うのは、「実際にブログに入ってきていない人の情報も知ることができる」という点です。

店舗にたとえると、Google Analyticsは実際にお店に入ってきた人の情報しかわかりませんが、Google Search Consoleはお店の前でうろうろしている人の情報もわかります。その分幅広いキーワードを取ることができるので、活用方法がいろいろ広がります。

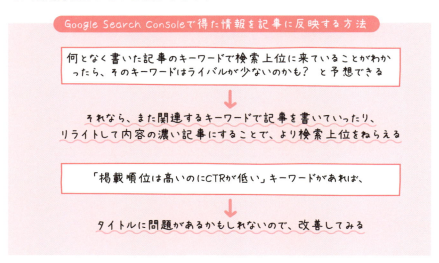

このようにして、記事の改善点を見つけていきます。キーワードひとつ取ってもいろいろな見方ができることを知っておいてくださいね。

60 SEO編 読者が読みやすい内部リンク構造に整える

SEOでは、「外部リンク（被リンク）」が大事だとよくいわれます。あなたのブログがほかのブログやサイトからリンクを貼られていたら、外部リンクを得たことになります。外部リンクはブログやサイトの価値を高めるのに有効ですが、自分で外部リンクを増やしてGoogleに不自然だと見抜かれると、ペナルティを受けて検索順位が落ちてしまいます。外部リンクは自然につくのを待って、その代わり、内部リンクはしっかり貼り巡らせるようにします。

- ☑ トップページから2クリック以内に目的の記事にたどり着く構成が理想
- ☑ アンカーテキストの文言にキーワードを含める
- ☑ 関連記事のリンクは自動と手動の両方で挿入する

1 「内部リンクを最適化する」ってどういうこと？

　内部リンク構造を整え、Googleにとっても読者にとっても最もいい形にすることを**「内部リンクを最適化する」**といいますが、これはいったいどういうことなのでしょうか。少し難しく感じるかもしれませんが、内部リンクを最適化するためにやることは意外と簡単です。

　カテゴリーやタグを整理したり、記事内に関連記事のリンクを貼っていくのも、内部リンクの最適化です。要は、**読者が回遊しやすい、目的とする記事を見つけやすい構造にする**ということです。トップページからずっと過去にさかのぼらないと記事を見つけられなかったり、全然関係のない記事を関連記事として貼っていたりしたら、利便性＝ユーザビリティーは下がってしまいます。**読者にとって回遊しやすい構造はGoogleのロボットもクロールしやすいので、インデックスの速度が上がったり、専門性が高いと評価されて検索順位が上がったりと、一石二鳥なのです。**

2 2クリック以内に目的の記事にたどり着く構成が理想

　では、具体的にどのように構造を考えていけばいいのか見ていきましょう。

❶ 2クリックで目的のページにたどり着くような構成にする

　ブログは、その性質上、最新記事が上にどんどん積み重なるようにして構成されています。そうすると過去記事を見るときに何ページもさかのぼらないといけなくなってしまい、昔の記事にアクセスしにくくなるということがあります。

　それに対して、会社のホームページや大規模な情報サイトなどは、各カテゴリーに記事へのリンクがすべて貼られていたりして、すぐに目的の記事にたどり着けるようになっています。ブログとサイトには、このように大きな違いがあります。

　記事数が多くなってきたブログは、サイトのような構造に少しずつ移行していくほうが、読者の利便性は格段にアップします。最初のうちは記事数が少ないので整理することは特に必要ないかもしれませんが、100記事を超えたあたりから、サイトのような構造にしていってもいいと思います。

　その際には、**2クリックで目的のページにたどり着けるような構造にすると、読者は記事を探しやすくなります。**

　はてなブログには「固定ページ作成機能」があるので、目次ページとして固定ページを作成し、そこから各カテゴリーへのリンクページを貼るといいでしょう。

●固定ページで目次を作成し、各カテゴリーのページへのリンクを貼る

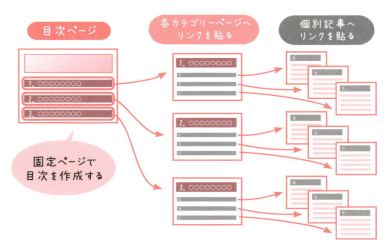

もちろん、WordPressでも固定ページを利用して階層化できます。

目次ページからは各カテゴリーのページへのリンクを貼るだけでも十分ですが、余裕があればさらにそこから各カテゴリーの記事をまとめたページをつくり、直接各記事のリンクを貼っていくとさらに利便性が上がります。

❷ アンカーテキストのキーワードを考える

アンカーテキストは**「リンクしている部分のテキスト」**のことです。

あるリンクへ誘導したいとき、「こちら」というテキストにリンクを付与してしまう人がいます。たしかに話の流れの中で「こちら」という文字にリンクしたくなるのはわかるのですが、これはSEO的にはあまりよくありません。

アンカーテキストは、リンク先の内容を表すものにします。過去記事をリンクするなら、記事のタイトルにするか、記事の内容が明確にわかるテキストにします。

アフィリエイトリンクの場合も、「商品詳細はこちら」よりも「○○（商品の名前）の詳細はこちら」などとより詳しく書いたほうが、読者にとってはわかりやすくなります。

● リンク先の内容を表しているアンカーリンクの例

安いのに質の良いアリシアクリニック

アリシアクリニックは、安いのにも関わらず質が良いので安心して通えます。

自信を持っておすすめできるクリニックなので、迷っている人がいたらぜひ行ってみてください(/)^ω^(ヾ)

VIO脱毛でどの程度やるか（全部なくすかある程度残すか）によって値段は若干変わりますが、全身5回で約30万円なので、医療脱毛の中ではかなり安めです。

わたしはさらにこれに「全顔脱毛し放題」を付けたので、45万円で契約しました！月々14500円くらいの分割にしています。

全顔脱毛し放題も本当はもっとするので、セットコースにするとめちゃくちゃお得です。

→ アリシアクリニックの詳細を見る

ただ、予算的にきつい学生さんとかだったら、「もっと安いところはないの？」と思うのではないでしょうか？

そういう方には『レジーナクリニック』もおすすめです！

2017年から徐々に院数を増やしていっているので、これから通いやすくなるかと思います。

医療脱毛では業界ナンバーワンの低価格なので、そのうちどんどん人気が出てくると予想してい

> アンカーテキストは、リンク先の内容を表すものにする

❸ 関連記事リンクを手動で貼っていく

関連記事を自動で表示してくれるサービスがあります。

「Milliard」（http://corp.shisuh.com/milliard関連ページプラグインについて/）などのサービスを使ったり、コピペOKのコードを紹介してくれている人のブログを見たりして、関連記事を自動で表示させることができます。

いちいち手動で記事を入れていくのは大変なので、共通のカテゴリーやキーワードの関連性が深そうなものを自動で表示してくれるのは非常にありがたいです。

● WordPressのテーマによっても関連記事を自動生成してくれるものもある

さらに、**こうした自動表示サービスとあわせて、「手動で関連記事を貼っていく」こともぜひやってください。**

めんどうくさい面もありますが、自動ではなく手動で関連記事のリンクを入れていくことで、記事によりマッチしたものを選択できます。自動はたしかに便利ですが、それだけに頼らず、自分の目で見て考えて1つひとつ必要そうなところに最もマッチしたリンクを入れていくようにしてください。

● 手動で関連記事を貼った例

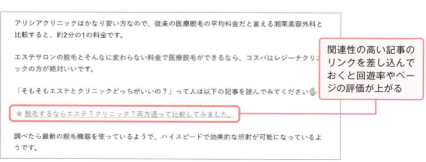

61 SNS編
はてなブックマークと炎上とバズ

SNSを効果的に使うと、ブログのアクセスアップにつながります。私ははじめのうちは集客は検索エンジン経由だけ考えていて、SNSはほとんど利用していませんでしたが、ブログを運営して1年をすぎたあたりから、SNSを積極的に使うようになりました。SNSで検索して情報を探す人も増えてきているので、SNS対策をしておいて絶対に損はありません。ここでは、「はてなブックマーク」で記事を拡散する際のポイントを見ていきます。

- ☑ はてなブックマークを効果的に使う
- ☑ 最初の「3はてブ」がつくことを目指す
- ☑ ねらうなら「炎上」ではなく「バズ」！

1 はてなブックマークを使って、より多くの人に見てもらう

はてなブログを使うことをお勧めする理由のひとつに、**「はてなブックマーク」** 通称 **「はてブ」** があります。はてなブックマークがたくさんついた記事がまとまっているページ（http://b.hatena.ne.jp）があり、ここに載ると一気にアクセスが増えます。また、スマートニュースの「はてな」欄にも表示され、上のほうに表示されればされるほど多くのアクセスが見込めます。

では、具体的にどのようにしたらはてなブックマークをもらえるのでしょうか？　はてなブックマークが短時間（30分以内といわれている）に3つつくことで、はてなブックマークの新着エントリー欄に掲載されます。その後ある一定時間にいくつかつくことで、人気エントリーに掲載され、さらにアクセスが増えていきます。

まずはこの「3はてブ」を獲得することを考えます。**最初の3つのはてブがつくように記事の内容を充実させるのはもちろん、TwitterやFacebookといったSNSで拡散するのも効果的です。**

せっかく書いた記事なのだから、できるだけ多くの人に広めるため、最大限の工夫をしましょう。

「炎上」ではなく「バズ」をねらう

　記事が拡散されて人の目に多く触れると、炎上やバズを引き起こすことがあります。炎上とバズは、似ているようでまったく違います。
　「炎上」は非難や批判などネガティブな反応が多い拡散のことをいいます。
　「バズ」は非難や批判ではなく、どちらかというとポジティブな方向性でシェアされる（「これ面白い！」「かわいい！」「ほかの人にも見せたい！」などの感情）ことを指します。
　炎上は、必要以上に読者をあおったり、何かを断定する（否定する）言葉で書くと起きやすくなります。何かを肯定すると同時に何かを強く否定すると、否定されたと思った人が反発するわけです。
　こうなると、読む側も書く側もいい気分にはなりませんし、かなりきつい言葉を受けて消耗してしまう人もいるので、お勧めしません。
　拡散させたい！　ときは、炎上ではなくバズることを目指しましょう。

62 ファン・リピーター編 もう一度読みたくなるブログをつくる

今まで紹介してきたアクセスアップ方法は、ロングテールキーワードで検索エンジン対策をしたり、SNSで同じ興味を持つ人とつながったり、新規読者を獲得するためのものでした。ここで紹介するのは、新規読者ではなく、「固定読者」「リピーター」「ファン」を獲得するための方法です。固定読者が増えると、コメントや問いあわせで反応してくれるようになったり、SNSでやり取りすることが増えたりと、モチベーションアップにつながることが多々起こります。もう一度読みたくなるブログをつくり、固定読者を増やしていきましょう！

- ☑ 更新頻度を1日1回にする
- ☑ ブログのコンセプトにあったデザインに整える
- ☑ 専門性、独自性を高める

1 更新頻度を1日1回にする

　もう一度読んでもらえる確率を上げるのに1番手っ取り早いのは、**更新頻度を高めることです**。

　それも、1日1回がベストです。

　決まった頻度で、しかもそれが毎日となれば、「明日はどんな記事がアップされるんだろう？」と気になる人が出てきます。そうなればもう固定読者を獲得できたことになります。

　さらに、**毎日夜8時などと、だいたいの更新時間を決めていれば、読者が見に来るタイミングを固定化することもできます。**

　SEO的に見て更新頻度はそこまで重要でないといわれることもありますが、私の経験からいうと更新頻度は高いに越したことはありません。実際にはSEO対策のためではなく、**読者が毎日訪れる理由をつくるという意味で、1日1回という更新頻度が大切**なのです。

　更新頻度が高ければその分コンテンツ量も増えていくので、ブログの質は高まっていきます。

　このときに気をつけてほしいのは、**「80点以下の記事は書かない」**というこ

とです。

　更新頻度を高めたい、コンテンツ量を増やしたいからといって50点程度の中途半端な記事ばかり書いてしまっては、本末転倒です。だからといって、100点のものを書きたいと思って更新頻度が極端に下がるのもよくないので、**80点でもいいから毎日更新したほうがずっといい**です。

　がっつり長い記事を書きたいときもあるとは思いますが、毎回そうした記事を書いていると疲れる人がほとんどです。そうした長い記事は書くのに時間がかかります。

　もちろん1日おきや3日に1回など定期的に更新できるならそのやり方も間違ってはいませんが、**最初は記事を書くという習慣をつけるためにも、ほどほどの長さで80点の質のものをどんどん出していったほうがいい**でしょう。

　私もつい細かく書きたくなって長くなりがちなのですが、だいたい2,000～3,000字程度でまとめられるように書きたいことを調整するようにしています。

　「1日1回更新」は、シンプルなことのようでなかなか難しいものです。そんな一見地味で大変なことを毎日続けるだけで、周りと圧倒的な差が出てきます。**固定読者を増やしたい、ブログを早く成長させたいと思ったら、まずは更新頻度を高めることを最優先事項としてください。**

リピーターをつくるテクニック

★ 1日1回、決まった時間に記事をアップする
★ 80点の記事を書き続ける

---

② ブログのコンセプトにあったデザインにする

　ブログの見た目やデザインを変えるのもお勧めの方法です。

　最初に見たとき「おっ、このブログ、何だかすごいかも」と思わせることができれば、覚えてもらえる確率が高くなります。私の場合、人のブログを見る際に最も注目するのはやはり文章ですが、見た目から入ることもよくあります。

　人と会ったときと一緒で、その人の中身を知る前に、第一印象で判断するということがブログにも起こります。余裕があればデザインにも凝りましょう。

ブログのコンセプトやターゲットとなる読者像にあったデザインにすると、より読者を獲得しやすくなります。
　私のダイエットブログの場合、好きな色ということもありますが、女性に向けて書いているためにピンク色を基調としました。ところどころでかわいらしさを出すため、絵文字や顔文字も多用しています。
　最近では、**かわいいロゴやスマホのフッターメニューを知人につくってもらったり、WordPressのテーマの機能を最大限活用して「おっ、いい感じのブログだな」と思ってもらえるように工夫しています。**
　自分ではどうしてもデザインのことはわからないという人は、知りあいや友人に頼んでみましょう。「ココナラ」や「クラウドワークス」などのクラウドソーシングサービスを利用するのもお勧めです。私もイラスト作成やサーバー移転など、お願いしたことが何度かあります。500〜3,000円程度で利用できます。

● ココナラ
https://coconala.com/

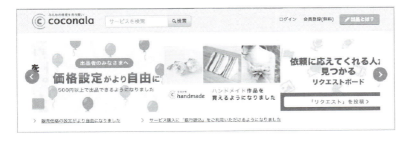

　自分でできないことは思い切って人に頼んだほうが早いので、こうした外部委託サービスも積極的に利用していきましょう。

③ あなたのブログに訪れる理由を考える

　「あなたのブログにしかないもの」がはっきりすればするほど、固定読者の割合は多くなります。
　これは特化ブログ寄りの話になりますが、**もしあなたが何かジャンルを絞って書こうとしている場合には、「この分野なら任せて！」と胸を張っていえることを目指しましょう。**

「何となく書く」レベルでは、正直あなたのブログを読む理由にはなりません。どうせ書くなら本気で書いたほうが伝わるものになります。

> **例** 専門性を出す ⇒ 私のダイエットブログでは、とことんダイエットのことを追求している
> ⇩
> 痩せる立ち方や歩き方から甘いものをやめられない理由まで、「ダイエットのことなら何でも解決できるように」という強い想いを持って書いている

専門性に加えて、その分野の最新の情報なども紹介していくといいでしょう。ガジェット系の記事を書く人なら、最新情報は常にチェックして先取りすると強いです。「新しい情報をいち早くゲットできる」となれば、それもあなたのブログに訪れる立派な理由になります。

さらに、独自性やオリジナリティも大切です。たとえば、1冊の本を紹介するとしたら、どんな風に紹介しますか？ 本のタイトルを記事のタイトルに入れて、「これはこんな本でした」と紹介しました。残念ながら、これではあまり独自性のない記事となってしまいます。

もし独自性、オリジナリティのある記事を書きたいなら、「本を読んで考えたことや感じたこと」を主軸として書くようにしてください。

「Chikirinの日記（http://d.hatena.ne.jp/Chikirin/）」を書いている、社会派ブロガーとして有名なちきりんさんは、「今日はこんなことを考えた」という記録としてブログを書いているそうです。そのため、ちきりんさんの考えが中心にあり、考えに関わる本や情報があれば、それを引用する形で紹介しています。

私はこのやり方が本当に面白くて素敵だなと思いました。

「本を紹介する」ために記事を書くのではなく、「自分の考えを書く」ために記事を書き、その中で本を引用しながら紹介するのです。

独自性やオリジナリティは、ほかの誰でもなくあなたの中から生まれます。あなただからこそ書けることを見に、読者はブログを訪れるのです。独自性のある内容を毎日発信し続けたら、必ず何かが変わります。より濃い読者を集めるため、ぜひ実践してください。

63 ファン・リピーター編
プロフィールを充実させる

面白い、参考になる、共感できる記事に出会うと、「どんな人が書いているんだろう？」と気になりませんか。プロフィールを充実させることで、著者側の情報を開示して親近感を感じてもらうきっかけになったり、「もっと知りたい」と思ってもらえたりします。プロフィール記事の重要性や書いておくべきことについて見ていきましょう。

- ☑ ストーリー性のあるプロフィールをつくる
- ☑ 自分をさらけ出せばさらけ出すほど、共感する人は増える
- ☑ 具体的なエピソードや感情をメインにする

1 項目を箇条書きにするプロフィールではつまらない

「プロフィールを書く」と聞くと、名前や年齢、性別、出身地を箇条書きにするイメージを持つ人もいるかもしれません。

しかし、それだけでは読者の心に響くものにはなりません。ブログのプロフィール記事は、「ストーリー性」を意識して書くようにしてください。次の 例 のように、ストーリー性を持たせるようにします。

例

ダイエットブログ　「ダイエットをはじめたきっかけ」「ダイエットで失敗した経験」「ダイエットブログを書こうと思った理由」など

アフィリエイトブログ　「アフィリエイトをはじめたきっかけ」「新卒で入った会社を半年で辞めたこと」「知識も経験もなかったところからどんな風に変わったか」など

要は、**そのブログのコンセプトや書きたいことに沿って、プロフィールをつくる**ということです。ダイエットブログなのに、働き方や仕事のことばかり書いても、読者は違和感を持ちますよね。逆にアフィリエイトのことを書いているブログなのに、ダイエットネタを書いている割合が多ければ、それもそれで疑問に思うはずです。

```
┌─ ストーリー性のあるプロフィールを目指す ─┐

  ┌──────────────────────────────────────┐
  │ ブログのジャンルや書きたいことの内容に沿って、流れを書く │
  └──────────────────────────────────────┘
                    ↓
  ┌──────────────────────────────────────┐
  │ 「自分はなぜそうしたのか?」                   │
  │ 「どんな経験や想いがあってブログをはじめるに至ったのか?」│
  └──────────────────────────────────────┘
                    ↓
  ┌──────────────────────────────────────┐
  │ 物語性のある話を読むと、読者は共感する           │
  └──────────────────────────────────────┘
                    ↓
  ┌──────────────────────────────────────┐
  │「困難を乗り越えて今がある」「たくさん失敗したけど成功した」│
  └──────────────────────────────────────┘
```

　これらに加えて、**自分の好きなことや嫌いなこと、経験したことや考えたこと、具体的なエピソードなどをさらけ出せばさらけ出すほど、共感する人は増えます。**

　「この人も私と同じなんだ」と親近感を感じる人もいれば、「この人はこんな経験をしているんだ」と珍しく思う人もいるでしょう。

　こんな風に、あなたのことを知ってもらうだけでなく、読者の感情を動かすことを目的としてプロフィール記事を書くようにしてください。

② プロフィールに書くべき項目の具体例

　イメージとして、次の構成のような感じです。はじめから完璧なものを用意する必要はありませんが、プロフィール記事はぜひ用意しておいてください。

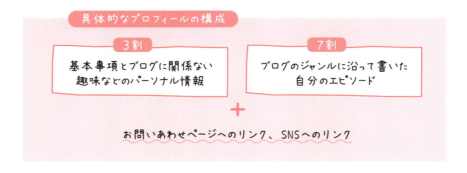

では、具体的に何を書けばいいのか見ていきましょう。

まず、基本事項として名前（ブログネーム）や年齢、性別など、その人のイメージをつくるための情報を載せておきます。

名前は覚えてもらうのに必須ですし、年齢や性別は「だいたいこんな感じの人」とイメージを固めてもらうためにはあったほうがいいです。

また、顔出し、実名公開、肩書きや経歴の記載については、メリットとデメリットを理解したうえで自分で決めましょう。

顔出しや実名公開をしなくても、書いている内容がしっかりしていれば信頼は得られますし、会社員の人やプライバシーが気になる人は公開しないほうがいいでしょう。

ただし、匿名で誰が書いているかどうせわからないからという理由で暴言を吐いたり、むやみに批判するのは絶対にやめましょう。

実際、顔出しや実名公開をせずに人気ブロガーになっている人はたくさんいます。ちなみに、私は最初の1年はずっと顔出しはせず（ダイエットブログの中で体型変化とともに載せる程度）、それ以降は「中途半端だから、もう全面的に出しちゃっていいや」と思ってSNSのアイコンなども自分の写真に切り替えました。**記事の信頼性も増しますし、顔出ししたほうが印象が強く残る**と感じました。

また、**将来テレビや雑誌などのメディアで活躍したいと考えている人は、顔出し＆実名公開しておきましょう。**

少し話が逸れましたが、名前や年齢といった基本事項のほかには、先ほど書いたような「ブログをはじめたきっかけ」や、「これから書いていきたいこと」「具体的なエピソード」などを交えて書いてみてください。

「こんなことをしてきた」と自分の経歴を淡々と書くだけでもないよりましかもしれませんが、味気ない感じがします。それよりも自分の感情を押し出して書いたほうが、人柄がよく伝わります。

こんなことをしたときこう思った、こう考えて次に行動したなど、詳細に書きましょう。**何文字と決められているわけではないので（あまり長すぎても読みにくいですが）、できるかぎりあなたの人柄や考えていること、趣味嗜好を知ってもらって、濃い読者を集めてください。**

ブログのジャンルとはあまり関係のないことでも、趣味などを書いておくと、意外なところで話が盛りあがるかもしれません。

私も、好きな音楽やアーティストを書いておいたら、それを見てくれた人と意気投合したことがありました。

収益と直結しない記事でも、ネタを思いついたら書く

「これは取り扱っているテーマと全然関係ない話だから、書かなくていいか」「収益はあがらないだろうから、書かなくていいや」と考え、思いついたネタをボツにしてしまう人がたまにいますが、それは非常にもったいないです。あまりにもカテゴリーからかけ離れたものではないかぎり、ぜひ書いてみてください。記事が相互にページの評価を上げたり、個人の意外な一面を知るきっかけになったり、「ねらい」を外した記事は思わぬ働きをすることがあるからです。

- ☑ ネタはできるだけボツにしないで記事にする
- ☑ 一方の記事の評価が上がると、もう一方の記事の評価も上がる
- ☑ メインのジャンルとは関係ない「あなたを知ってもらうため」のカテゴリをつくる

 思いついたネタはできるだけ記事にする重要性

私は、**記事ネタを思いついたら、すべてメモする**ようにしています。

そしてメインで運営しているダイエットブログとアフィリエイトブログに、メモしたネタを割り振っていきます。思いついたことは、読者がかぎられそうなものでも、できるだけキーワードを考えて読者に届くように工夫して書きます。たとえあまり需要がないと感じても、たった1人でも知りたがっている人とがいる、参考にしたい人がいるかもしれないと思い、記事にするようにしています。

また、「関係ないジャンル（メインとしているジャンルとは違うもの）だから、きっと検索上位にも上がらないし、書かなくていいや」と考える人がいますが、それは違います。

私は当初、ダイエットブログならダイエットの記事だけが上がりやすくて、それ以外の記事は上がらないだろうと思っていたのですが、そうではなかったようです。同じブログ内に検索上位を取っている記事、もしくは取れそうな記事があれば、それらが相互に影響を与え、検索順位に影響するのだと考えました。

つまり、**A**の記事が検索上位を取れば、ほかの**B**や**C**といった記事にもいい影響を与えるということです。

● ブログ内の記事の評価が上がるとほかの記事の評価も上がる

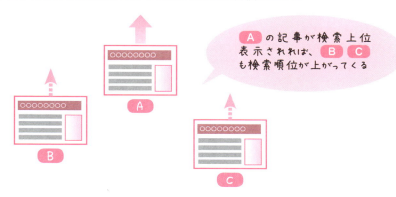

情報・感情・収益化の3種類の記事のバランスについてお話ししましたが、**収益をねらった記事ばかり書くと商売っ気が増してしまいます。**

収益と直結しなくても、読者の信用を積み重ねる役割をしてくれれば、その記事の役割は果たせたことになります。収益に関係するかしないかではなく、先に**「読者が必要としているかどうか」もしくは「自分が伝えたいかどうか」を基準にして、ネタをピックアップしていくといい**です。

② 常にねらいすぎでは疲れてしまう

私はアフィリエイトブログの中で「ライフスタイル」というカテゴリーをつくって、その中で日々感じたことやちょっとした出来事について書くようにしています。**割合は全体の記事数の2～3割くらいですが**、こうしたことは書いてもいいというより、むしろ**「書いたほうがいい」**と思っています。なぜなら、ブログ運営者の人間性や生活感（リアルさ）が感じられるからです。

たとえば、大規模なキュレーションメディアやまとめサイトを見ていると、情報量は多いものの、個人の人間性やリアルさが見えてきません。その点、**個人ブログならいくらでもそれが出せます。人間性やリアルさが見えると、読者は親近感を持ちます。**

雑記ブログではなく、中心となるジャンルがあるならメインはそちらで、それ以外の内容はスパイスくらいのイメージで散りばめるといいでしょう。

65 自腹を切って体験し、説得力を生み出す ＋ ASP担当者とのつきあい方

人は新しい物を買ったり、新しいサービスを利用するとき、先に買った人や利用した人の様子が気になります。私もよく、買おうとしている商品のリアルな口コミを調べたり、サービスを実際に利用した人のレポート記事などを読んだりして、リサーチすることがあります。自分で体験した人の言葉は、非常に説得力があります。さらに、自腹を切ってお金を払って体験した人の言葉は、より説得力が増します。ここでは「自腹を切って体験する」ことが収益アップにつながることをお話ししていきます。

- ☑ もらった商品や紹介してほしいといわれた商品を紹介するときは注意
- ☑ 自分で負担することで、自由に書けるようになる
- ☑ 値段に見あう価値があるのか見極める

1 自腹を切らないで商品を紹介することの落とし穴

アフィリエイトを続けていると、何かの拍子に商品提供の提案を受けることがあります。

ASPから今売れている商品を提供するから記事を書きませんか？　と声をかけられることがあります。ブログをすでに運営している人の中には、「このような商材を紹介しませんか？」とASPや知人から提案された経験がある人もいるのではないでしょうか。

もちろん、実際に試してみてよさそうだったら紹介するのもいいと思うのですが、少し注意したいことがあります。

それは、自腹を切っていない場合の商品紹介です。**自腹を切っていない場合、自分でお金を払って商品を買うというハードルを乗り越えていないため、商品の価値やコストパフォーマンスについて書きづらくなります。**

自分で購入していないと、商品価値やコスパについて書きにくい…

```
┌─ 自腹を切っていないと見えてこない落とし穴 ─┐
```

```
┌────────────────────────────────────┐
│ A という化粧水が、500円なのか、1万円なのかで、│
│ 価値の感じ方が変わってくる              │
└────────────────────────────────────┘
                  ↓
┌────────────────────────────────────┐
│ 1万円ではちょっと高すぎると感じるのか、      │
│ 1万円でも安いと感じさせてくれるものなのか    │
└────────────────────────────────────┘
                  ↓
```

このあたりも含めて商品を紹介しないと、弱い記事になってしまう

　読者が買うかどうかの最後の決め手は値段といってもいいでしょう。
　そこに対して「これは値段以上の価値がある商品だから、買って損はないです！」と強く自信を持って言いたいなら、自腹を切って購入したり体験したりするのが1番です。
　自分で買っていないのに「値段以上の価値がある」というのは、何だか変な感じがします。
　また、自分でお金を払っているなら、自由に商品レビューが書けます。誰かの依頼で記事を書くと、いいことしか書けません。**決して悪いことを書くつもりはなくても、感じたことや思ったことを素直に書けないことがあります。**
　広告主から訂正依頼が入ることもあります。言葉の使い方や表現にも制限がかかることが多いので、**もし本当にありのままを紹介したいのなら、自腹を切って体験しましょう。**
　ブログでアフィリエイトをするなら、説得力が大事です。サイトアフィリエイトなら、口コミや体験記をクラウドソーシングで集めている人が多くいますが、自分の色を出すブログアフィリエイトなら自分で体験するようにしましょう。
　この方法は負担も大きいし、一見遠回りなようで結果的に収益アップの近道になります。
　お金を払うというリスクはあっても、その分リアルな感想やコストパフォーマンスについて書くことができるので、自分で買って試すことをお勧めします。

② ASP担当者とのつきあい方について

　先ほど「ASPから依頼を受けることがある」と書きました。
　たいてい、お問いあわせページからこのような内容が送られてくるか、すでに担当者がついている場合は担当者から定期的に提案されることが多いです。
　特に、目立ったキーワードで検索上位に入っていると、さまざまなASPから連絡をもらうようになります。1人に対して1人の担当者がつき、いろいろ相談に乗ってくれたり、情報をくれたりすることがあります。
　私はこういったことが同時期に複数あり、戸惑ってしまいました。そして、商品提供の話や商品紹介にあわせた記事の修正依頼を受ける中で、ひとつ気がついたことがありました。
　それは、**「自分の中で基準を持たないとまずいことになる」**ということです。
　商品提供の話も、商品がタダでもらえるからと、来るものをすべて受けていたらきりがありません。商品紹介記事ばかりになってしまい、不自然になっていきます。
　大事なのは、**「引き受ける、引き受けないの基準をはっきりさせておくこと」**です。
　私の場合、商品提供を受けたこともありますが、先ほど書いたように「多少負担になっても自分で買ったほうが、よりいい情報を届けられる」と考えたため、最近は自分で買うようにしています。
　提案を受けたものを調べてみて、「面白そう」「読者に紹介したい」と本気で思える商品があれば、自分で買って紹介するという感じです。
　私も正直いろいろなところから提案を受けて、どうしてよいかわからずそのまま引き受けてもいたこともありました。しかし、実際にそうしてみると違和感が募っていったんです。
　それはきっと、自分の中に基準がなかったからでした。
　「私は何がしたいんだっけ？」と考えたとき、**「私は商品紹介をしたいのではなくて、ダイエットで本当に役に立つと思った情報を届けて、日本一のダイエットブログをつくりたい！」**と原点に戻りました。

私の中の基準は具体的にこういうこと

ダイエットに関することでいうと

「何かをプラスするより、基本を徹底的に見直したほうがダイエットには効果的」と実感したので、

↓

普段の生活にプラスするもの(サプリメントや健康食品的なもの)を中心には紹介しないことにした

↓

「普段の食生活や運動習慣を見直すきっかけとなる商品やサービス」を積極的に紹介することにした

　今でもASPの担当者とは定期的にやりとりしていますが、興味がない商品ならきっぱり「今回はやめておきます」と断るようにしています。
　わからなくなったら、**「私の基準は何だろう、どうしてブログやってるんだっけ?」**と考えてみてください。
　ASPの担当者にあわせるのではなく、自分の基準をしっかり持って読者の信用を守り、必要に応じて協力してもらえるようなよりいい関係性を築いていきましょう。
　また、もしもらった商品を紹介するなら、**必ず◯◯社から提供された旨を書く**ようにしましょう。消費者に宣伝と気づかれないように宣伝行為をすることを**「ステルスマーケティング」**といいますが、この行為は、消費者だけでなく業界全体の信頼度も下げてしまうことになります。
　信頼を失うことはしないよう、気をつけてアフィリエイトを行ってください。

商品やサービスを紹介するなら自腹がお勧めです

過去記事をリライトしてよりよくする

収益アップに地味に効果を発揮するのが、過去記事の加筆修正です。書き直し＝リライトともいいます。以前に「これでOK！」と思って出した記事でも、間違いがあるときはもちろん、情報が更新されていたり追加できる情報があるなら、どんどん加筆修正するべきです。文章の見直しとはまた別ですが、アクセス数が多くなってきた記事に広告を挿入するのも、収益アップに直結します。書きっぱなしで放っておくのではなく、リライトしてより強い記事にしていきましょう。

☑ 情報の更新や追加内容があればリライトする
☑ 人気記事から順にリライトしていくと効率がいい
☑ 広告を挿入できそうなところがあれば入れていく

 ## リライトのやり方と注意点について

すでに書いた情報が更新されたときや、追加したい内容があるときにリライトしていきましょう。

その際、タイトルはできるかぎり変えずに、中身だけ変えるようにします。

タイトルを変えるのはSEO的にリスクが大きいため、すでに検索上位に入っている場合ならなおさら変更しないほうがいいでしょう。

また、文章量を大幅に減らすこともしないほうがいいです。昔自分で書いた記事を見ていると「うわーこんなこと書いてる！」と恥ずかしくなることがよくありますが、そういう場合でも決して消さずに、残しておいてください。

これは、単純に文章が減ることでSEOに影響してしまうことを避けるためです。**本当に必要のない情報があったり、現在の事実とは違うことが書いてあったりする場合には、丸ごと削除ではなく、取り消し線を使います。**

逆に情報を追加する際にはそのまま書き足すのではなく、追加日時を書いておくと、いつ情報が更新されたかがわかるので親切です。

このようにリライトを繰り返し、よりよく濃い記事をつくっていきましょう。あとからリライトすることを考えると、「記事を出す時は80点くらいを目

指す」という意味がわかっていただけると思います。

最初から完璧でなくていいので、とにかく出すこと、更新することが大事です。出したあと、いくらでも修正は効くので安心してください。

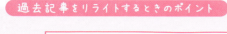

② Google AnalyticsとGoogle Search Consoleを見てリライトしていく

リライトするときは、優先順位をつけるとやりやすいです。

私も、よく読まれている記事からリライトするようにしています。**よく読まれている人気記事を知るには、Google Analyticsが便利**です。**滞在時間や直帰率も参考にしながらリライトしていく**といいでしょう。

<u>手順</u> ダッシュボードから「行動」→「概要」をクリックすると、右下に人気記事が表示される。URLの表示のままではわかりにくいので、左側の「ページタイトル」をクリックし、タイトルを表示させる。ブログタイトル上の「ページタイトル」をクリックすると、日別のページビュー数を知ることもできる。

> **よく読まれているのに直帰率が高い場合**
> ★ 記事の最後に関連性の強い記事リンクを入れたりするなどして、ブログからの離脱を防ぐ

　また、Google Search Consoleを利用して、コンバージョン率が高そうな記事に広告を挿入するのも収益アップにかなり効果的です。

手順 Google Search Consoleの「検索トラフィック」→「検索アナリティクス」をクリックすると、検索上位のキーワードがずらりと出てくる。

❶ クリックする

❷ 自分のブログがどのようなキーワードで検索されているかわかる

　これらのキーワードから、**クリック数や表示回数の多いものを中心に見ていき、さらに収益化につながりそうなキーワードを絞り込んでいきます。**
　そのキーワードで上位にある記事にアフィリエイト広告を入れていくと、効率よく収益化できるようになります。ただし、**無理やり広告を入れるのはお勧めできません。** すでに書いた商品紹介記事があればそのリンクを入れたり、記事にマッチしそうな案件をASPで積極的に探してみたりしましょう。
　何でもかんでも無理に収益化につなげようとすると、記事が不自然になったり、押しつけが強くなってしまいます。読者目線やユーザビリティを第一優先に考え、収益化できそうなところはするというやり方をお勧めします。

Extra

SNSやYouTubeにもチャレンジする

ブログは楽しいものですが、稼ぐという面で見ると、昨今のSEO事情が変わってきていることもあり、ジャンルによってはかなり厳しい状況です。例えば、健康や美容ジャンルは特に影響を受けやすいです。本書では、できるだけ収益化のコツをお伝えしていますが、どのような記事が検索上位に来るかはコントロールできないので、SEO対策だけでは限界があります。そのため、SNSなどのツールを使って、発信していくことをおすすめします。わたしもこのやり方はまだ模索中ですが、読者の方にもぜひ試してみていただければと思います。

- ☑ ブログ以外のことにもチャレンジしてみる
- ☑ ブログだけでは届かない人に届く可能性が高くなる
- ☑ 「自分のブログ」を知ってもらうのではなく、自分自身をさまざまなツールを通して伝えていく感覚を持つ

1 少しずつ活動の幅を広げていこう

最近では、個人ブログより企業のホームページや公式サイトなど、より公的に信頼性が高いとされるページの方が検索順位が上がりやすくなり、個人ブログのSEO対策を頑張っても、上位にならない問題が出てきました。

ジャンルなどによってもこの状況は変わってきますが、健康・美容・金融から始まり、現時点ではさらに幅広いジャンルにアップデートがかかるようになっており、今まで見られていたブログが見られなくなった、ということが起こり得ます。

実際にわたしもアップデートの影響を受けたり、読者の方から相談の問い合わせをいただいたこともありました。当時はショックを受けましたが、それからいろいろと模索して、**一つ結論として出たのは「今後はブログだけでは足りない」ということ**です。もちろん、はじめのきっかけとしてブログを選ぶのはとても良いと思います。無料か、かかっても低い金額で始めることができますし、パソコン一つで始められる気軽さがあるからです。

ただし、ブログに慣れてきたら、ぜひその活動の幅を広げてみてください。その理由について、次で書いていきます。

② 各SNSやYouTubeを使った方がいい理由

　まず、ブログ以外にTwitter、Instagram、YouTubeなどを始めれば、そちらからのアクセスが期待できます。普段検索して調べないような人も、SNS経由であなたのブログにたどり着く流れができます。これはすごく素敵なことで、例えばYouTubeを中心に見ている人に対してSEO対策でブログやあなたの存在を知ってもらうのは難しいですが、YouTubeを始めたら、このような人にも情報を届けることができるのです。**読者・視聴者と接点を増やすためにも、ぜひいろいろなツールにチャレンジしてみてください。**

　また、ツールによって考えることや気を付けることが変わってくるのも、個人的にすごく面白いなと思っています。ブログは文章で、いつでもどこでも読めるのが良いところですが、親近感があったり商品の良し悪しがより伝わりやすいのはYouTubeだったりします。

　わたしはYouTubeを始めたときに苦労して、どうしたら伝わりやすくなるかとたくさん考えていました。最初は大変でしたが、続けていたら楽しくなってきて、「YouTubeで初めて知ってブログやSNSもチェックした」というコメントをもらったり、評価やコメントでダイレクトに反応がわかったりして、**ブログとはまた違った難しさ・面白さがある**なと感じました。経験としてやってよかったと思っているので、ブログを続けて余裕が出てきたら、ぜひ他のツールも試してみてください。

③ あなた自身をブログや他のSNSを通して伝えていく

　これからは、**あなた自身のことをさまざまなツールで伝えて、ファンになってもらうという考え方の方が良い**と思っています。

　読者や視聴者にあなたのことを好きになってもらえれば、繰り返し発信内容を見てくれたり、やりとりが楽しくなったり、一回きりの検索でやってきた関係ではなく、もっと濃い関係を作ることができます。

　「検索でたどり着いたから」ではなく、「あなたの言うことに励まされる」「あなたが紹介する情報や商品は信用できる」と思ってもらえたら、発信のやりがいも増しますよね。

　そのためにも、SNSを使って、どんどん伝えていってください。最初から全部やると大変なので、徐々に広げていくことをおすすめします。

トップブロガーに訊く！❷

いまのわたしにできること

http://www.pilattu.com/ （りえさん）

ブログをはじめて、やりたいことをどんどんやれる時間と自由を手に入れた！

　「いまのわたしにできること」は、看護師や美容、子育てなどについて書いているブログです。自分自身が看護師で病院に勤めた経験があることや、美容外科で働いていたこと、ほかにも妊娠中や子育て中に悩んだことなどがきっかけでブログをはじめました。同じように悩んでいる人の役に立つブログにしたいという思いで、日々運営しています。

　記事を書くときは、できるだけ情報を詳しく書くだけでなく、必ず自分の体験や思いを書くように意識しています。ただ、詳しく書こうとすると平均5,000字程度になってしまうことが多いので、読みにくくならないように改行や画像を多めに入れたり、マーカーや太字を使ったりして工夫しています。また、読者の心をつかむために、序文で共感を呼ぶ書き方を心がけています。

　ブログ開始当初は収益化をまったく意識していなかったので、日記のような記事を書いていました。タイトルも、今よりも反応の得られにくいタイトルばかりでした。しかし、ブログで収益を得ると決めてからは、商品やサービスに関連したアフィリエイト記事も意識して多く書くようにしています。

　その際には、その商品やサービスを使いたい人が何に悩んでいるかを考えてネタにしたり、逆にアフィリエイトしたい商品やサービスの中から探して記事を書いたりすることもあります。

　ファン獲得のためにオピニオン系の記事をメインに書くブロガーさんもいますが、私の場合はゆっくり記事を書く時間がなかなか取れないので、アフィリエイト記事メインで、たまに思いを伝える記事を書くというスタイルになりました。

　もう少し収益を伸ばして余裕ができたら、もっともっとオピニオン記事を増やしていきたいな、と思っています。

ブログをはじめてよかったことは？

　ブログをはじめてから、好きなことを思い切り追い求められるようになりました。
　収益があがったタイミングで正社員をやめてから、好きなことをする時間が増え、子どもと一緒にいる時間も増えました。時間や心の余裕ができると、新たなことに挑戦する自由も得られました。やりたいことをどんどんやれる環境ができ、なぜか正社員時代より忙しくなりました。でもただツラいという環境ではなく、時間が足りない！と思うくらい、やりたいことに没頭できる日々が幸せです。
　がんばれば叶えられることはたくさんあるとわかったので、死ぬまでにやりたいこと全部叶えたいなって思っています。

ブログで収益をあげるためにしていること

　収益の中心軸は、商品やサービスを紹介することによって得られるアフィリエイト報酬です。
　2016年の4月からアフィリエイトに取り組むようになり、最初の数カ月は月額1万円にも満たなかったのですが、半年をすぎたあたりから右肩上がりにどんどん伸びていきました。
　1年をすぎた今では、趣味や娯楽も楽しみながら、余裕を持って暮らせるくらいの収益を得ています。
　ブログは収益が1度あがりはじめると、やる気が出てきてまるでゲームのように攻略したくなります。まずは3万円！　などと小さな目標を設定してみてクリアするとドンドン楽しくなっていきます。

これからブログをはじめるあなたへ

　これからブログをはじめるなら、まずはうまくいっている人を参考にするのが1番のコツです。
　私もこの1年間でさまざまな人のブログを参考にしたり、アドバイスをもらったりしました。教えてもらったら感謝して、ひたすら学び、やれることからやっていくこと。この積み重ねでここまで来ました。ひとりでは出せなかった結果です。だからあなたも、アドバイスをもらったり、学んだことがあったら、素直に取り入れて実践してみてください。あきめずに続けたら、きっとその憧れの人に近づけるんじゃないかな？
　「いまのわたしにできること」は、読者の行動をあと押しできて、さらに心がほっとするようなブログにしたいです。本当にいいものを紹介し、使ってもらって私も稼げるけれど、それ以上に使った人が今の状況を改善できるというのが理想です。昔書いた記事にも丁寧に手を加えて、全部の記事を自分の思いを込めた宝物のようにしていきたいです。
　ブログで稼ぐということもたしかに重要です。でも私にとっては、ブログを通じてやりたいことを全部叶える人生こそが1番の目標です！　この本を読んでいるあなたも、ブログで楽しみながら稼いで、好きなことをどんどんやっていってください！

Chapter - 5

ブログがうまくいかない
ときの7パターン

がんばって記事を書き続けても、うまくいかないこともあります。順風満帆に進む人はなかなかいません。私も何度もつまずき、失敗してきました。思うようにいかないと落ち込んだり、モチベーションが下がってしまったら、このチャプターを読み返してください。

67

パターン ❶ あなたの記事は単なる日記になっていませんか？

「アクセス数が少ない」「リピーターが少ない」「文章を書くのにあまり慣れていない」という人は、単なる日記になってしまっていないか確認してください。稼ぐことを目的としたブログを運営するなら、知りあいや友人だけではなく、あなたのことを知らない新規読者を視野に入れる必要があります。「今日はこんなことがありました」といった単なる行動記録には、あなたと直接関わりのある人以外、まったく興味がありません。もし日記になっていたなら「記事」に転化させましょう。

Check!
- ☑ 行動の記録ではなく、考えたことの記録ならOK
- ☑ 読者にとって役に立つ情報をメインに持ってくる
- ☑ 切り取り方を変えれば、1日の行動からいくつもの記事を書くことができる

① 行動の記録は自分用、そのまま記事にはしない

日記になってしまうと読まれないというところの**「日記」**とは**「行動の記録」**のことです。

客観的に見て行動記録を綴っているのが「日記」です。

例
「今日は東京タワーに行った」
「おしゃれなカフェでランチを食べた」
「新しいジャケットを買った」

こうした行動に関する記録は、先ほども書いたように、読んでくれるのは、おそらく知りあいやお友だちくらいです。

これに対して、**「考えたことの記録」**はどんどん公開して大丈夫です。

ある出来事に対して自分が考えたことを書けば、それはあなただけの独自の記事になります。

私のダイエットブログでも、ただ痩せた、細くなったなどと、起こったこと

だけを書いても「だから何？」となりますよね。これも行動の記録です。

それに対して、「ダイエットで失敗する人には、こういう共通点があると思う」「甘いものをやめるのに、強い意志や根性はいらないと感じた」など、具体的に思ったことや感じたことを主軸として記事を書けば、それは単なる行動の記録ではなくなります。

つまり、**誰でも書けることでは意味がない**ということです。難しいことや面白いことでなくてもいいので、あなた独自の内容に寄せていけばいくほど、読まれるようになります。

先ほどの「東京タワーに行った」「ランチを食べた」などは、同じような行動をすれば誰でも書けてしまいます。そうならないように、**あなたが感じたことや発見したことを入れていくと、ただの日記ではない立派な記事ができあがります。**

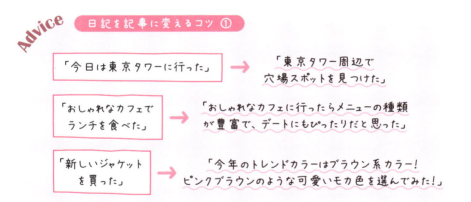

② 読者目線でメインに持ってくる情報を考える

記事を書く際にはネタを集めるのも大事ですが、それ以上に大事なポイントが**「切り取り方」**です。

たとえば、ごくごくありそうな日曜日をすごしたとします。これを日記として書くと、次のような流れで、ずらっと3つの出来事をまとめて書くことになります。

> **例** 朝は近所のカフェで仕事して、お昼は美容院に行き、帰りはひとつ手前の駅で降りて偶然見つけた本屋に寄って帰った。

さらにタイトルが「今日は美容院に行ってきた！」なんていうものなら、もちろん検索流入は見込めないばかりか、知りあいやお友だち以外にはほぼ確実に見てもらえることはないでしょう。

これでは非常にもったいないです。

もし私がこの1日の行動を、読まれる記事に工夫してまとめるなら、**3つの行動をまとめて1記事に書くことはしません。**カフェ、美容院、本屋さん、それぞれを独立させた記事にします。

まず、各記事のタイトルは次のようにします。

Advice 日記を記事に変えるコツ ②

★「飯田橋でノマドにお勧めのカフェならCoffee Sotechsが1番！」
★「まとまらない髪をサラサラにする方法」
★「神楽坂でお勧めの本屋さんは石井はるみ堂！ 変わった本があって面白かった！」

上から順に、「飯田橋（土地の名前）　ノマド　お勧め　カフェ」「髪　まとまらない　サラサラにする」「神楽坂（土地の名前）　本屋　お勧め」のキーワードを考えて記事タイトルにしています。

こうすれば、読者にとっては参考になる記事になりますし、検索流入もしっかり見込めます。

1日の行動の中から、どれが読者にとってメインとなる情報か？　また、それは別々に書くべきか、まとめて書くべきか？　を考えます。

今回は、カフェ、美容院、本屋をそれぞれメインにして分けました。

カフェに行ったら、「このカフェは、どんな人やどんなシーンにぴったりかな？」と考え、記事の体裁を整えていきます。

自分の行動の記録を、どんな風にアレンジして読者に届けるかが重要です。それさえ間違えなければ、日記ではなく記事として読者に読んでもらうことができます。

パターン ❷ 売ることが目的になっていませんか？

あなたがお店で買い物するとき、店員さんに「これすごくお勧めなんですよ！」「これとあわせて買うとすごくお得なんですよ！」「とにかくすっごくいいですよ！」と勢いよく話しかけられたら、どんな気持ちになるでしょうか。私だったら、勢いに押されて「そ、そうですか……」と1歩引いてしまい、商品を購入せずにお店を出てしまいます。あまりにも売ることに集中しすぎると、読者の気持ちが離れていってしまいます。記事は読まれているのになかなか売れないという場合、まずは売りつけ感の強い記事になっていないか確認してみましょう。

- ☑ 読者が必要とする商品をそっと差し出すイメージで！
- ☑ お勧めしたい具体的な人物像をいくつか挙げる
- ☑ メリットだけ伝えて、デメリットは伝えないのは✕

1 商品を無理やり押しつけない

お勧めです!! という言葉とともに、いたるところに広告が貼ってある記事、あなたも1度は見たことがありますよね。こういう記事はパッと見た瞬間に「うっとうしいな」と思われて、読者は離脱してしまいます。

では、そうならないようにするにはどうすればいいのでしょうか？

まず、**読者は商品を求めているわけではなく、情報を求めてやってくる**ことを覚えておいてください。解決したいこと、もしくは自分の希望を満たしてくれる「何か」を探して、人は検索します。商品は、そうした悩みや希望を叶えるための手段です。商品だけ提示されても、それがどのように自分の望むものとマッチしているのか読者はわかりませんし、そうした情報がなければ信用して買ってもらうことはできません。

今までお話ししてきたとおり、**商品を紹介する記事では、その商品に関連する情報を掲載することが重要**です。読者にとって役立つ情報を惜しみなく提供しないことには、読者は購入のハードルを越えることはありません。

読者の気持ちに寄り添い、必要な情報を伝え、そのうえで商品を紹介します。売りつけ感の強い記事は、商品を読者に向かってぐいぐい押しつけるイ

メージですが、**本当に売れる記事、読者が納得して商品を購入する記事というのは、そっと差し出すイメージでいい**のです。

「お勧めですよ！」と何度もいわず、「どうしてお勧めなのか？　どういう点で優れているのか？　どんな効果があるのか？」といった、**「お勧めする理由の部分を詳しく説明」**してください。

そうすれば、広告をあちらこちらに貼らずとも読者の購入意欲は高まり、結果的にクリックに至ります。

売りつけ感の強い記事から脱却する方法

では具体的に、どのようにしたら売りつけ感の強い記事から脱却できるのでしょうか。

どんな情報を提供すれば、商品に興味を持ってもらえるのか？

たとえば、セルライト解消に強いエステを紹介するなら、セルライトについて詳しく解説したり、ほかのエステと何が違うのか（使用している機器、スタッフの技術など）、実際に行ってみて比較してわかった情報を載せたりすると、興味を持ってもらいやすいです。

そのうえで、お勧めしたい具体的な人物像を3～4つピックアップします。「セルライトが気になる人」「何をしても痩せないと感じる人（セルライトがあると痩せにくいといわれている）」「最新機器を使っているエステに行ってみたい人」など、具体的に書き出します。

行く気がない人、行っても違ったと思う人に無理やり行ってもらってもしかたないので、読者の希望にあったものを提案しながら導いていくイメージで書きましょう。

もしデメリットがあるなら、デメリットもちゃんと伝える

「デメリットなんて書いたら購入してくれなくなるんじゃないの？」と思う人もいるかもしれません。しかし、何でもいい面悪い面があるものです。いいことばかりの商品なんてないと、読者もわかっています。100％メリットしかないといわれたら、逆に怪しいと思って遠ざかってしまいます。

それなら、先に「実はこういう面もありますよ」とデメリットを提示しておいたほうが、購入後のガッカリ感も少なくすみます。また、**デメリットはデメリットでも、カバーできる方法や自分なりの対処法があればそれもしっかり**

書いておくと、読者の信用を得ることにつながります。
　あともうひとつ、私が意識してやっているのが、強い否定の言葉は使わないということです。
　たとえば今「デメリット」という言葉を出しましたが、私のブログの中では、デメリットはすべて**「うーん…と思ったところ」**とやわらかく表現しています（下図参照）。もちろんいい意味でないことはわかりますが、**デメリットとはっきりいってしまうより、フワッと言い表すことができるので、表現方法には気をつけています。**

●マイナスなことを書くときは、表現の仕方をやわらかくする

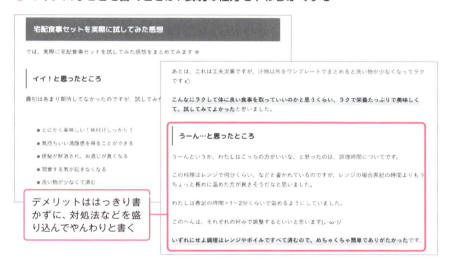

やわらかくてポジティブな言い回しで伝える

　もうひとつ注意しているのは、読者が気持ちよく読めるということです。化粧品でも何でも「この商品はよくない」と断定せず、**「私にはあわなかったかも」「こう使えば気にならない」**と書くと、デメリットも気持ちよく読めます。食レポ記事でも、自分の好みにあわなかった場合、**「少し酸味が強いような気がした」「結構甘かったから、甘い物好きな人にはいいかも」**など、より客観的に見て意見を述べるようにすると、事実を伝えつつもフワッと言い表すことができます。

　本当のことを伝えるのは大事ですが、はっきりとした否定の言葉ばかり並ぶと、読者もあまり気分のいいものではないので、工夫してみましょう。

69 パターン❸
結果を急ぎすぎていませんか？

「全然アクセスが集まらない！」「報酬が発生しない！」と思っている人は、結果を急ぎすぎている可能性があります。今日書いた記事がすぐにアクセスを集めるわけはないし、もちろん報酬だってなかなか発生することはありません。たしかに不安になることはあります。しかし、アクセスが上がらない、報酬が発生しないと嘆く暇があるなら、その時間記事を書いたほうがずっといいです。私も経験がありますが、不安になったり心配したりするくらいなら、とにかく記事を書いて時間が経つのを待ちましょう。

Check!
- ☑ 3カ月経過するまでは、記事を書くことに集中する
- ☑ 成功でも失敗でも、何かしらの結果を得ることが大切
- ☑ はじめて報酬が発生するまでの期間やその後の報酬の伸び方は、本当に人それぞれ

1　書かなければ結果は返ってこない

ブログに関するよくある議論で、「量と質、どっちが大事？」というものがあります。「とにかく記事を量産して！」という人もいれば、「質の高い記事なら、量にこだわらなくてもいい」という人もいます。これ、どちらが正解なのでしょうか？　状況によってどちらも正解になります。

ブログ初心者、つまり記事を書き慣れていない人は、まずは量をメインに考えるべきです。

なぜなら、書くことを繰り返さなければ、結果は返ってこないからです。

はじめから質を気にしていては、書くこと自体に慣れていないのに、ますますハードルが上がってしまいます。

私も最初は、読者の役に立つようにという思いで一生懸命書いてはいたものの、今思えば質は低かったと思います。この間見返してみたら、1,000文字以下のただの近況報告のような記事もありましたし、文字がカラフルすぎて見にくかったり、今の自分だったらこんな風には書かないのにと思うような記事がたくさんありました。

それでも、はじめはどんどん書いてよかったと思っています。

いろいろ念入りに考えて書くことも大事ですが、書くことに慣れる、何かしらの結果を得るという点では、記事の質より量を優先するべきです。

3カ月くらい書き続ければ、アクセス数や広告のクリック数など、何かしらの結果は得られます。この「何かしらの」というのがポイントで、決して結果が成功である必要はありません。

うまくいくに越したことはありませんが、「思ったようにアクセス数が伸びない」「報酬がいまだにゼロ」という失敗の結果が返ってきたとしても、それはそれで次に進む糧になります。私も、最初こそうまくいったものの、途中で伸び悩んだり、アクセス数や報酬が落ちたときもありました。それに対して「何でだろう？」「どうしたらいいかな？」と何度も悩みました。

考えてみれば、成功ばかりで進んでいくのは結構怖いものです。**失敗があってこそ、そこから知識や経験を得て、次へと確実に活かすことができます。**

不安になる気持ちはたしかに痛いほどわかります。しかし、ここで何とか踏ん張って、記事を書き続けてみてください。3カ月くらい経ったころには何かしらの結果を得られているはずです。それが成功でも失敗でも、どちらでも正解です。いずれにしても、それをもとに前に進むことができるので、ここが踏ん張りどころだと思ってやってみてください！

② 結果が返ってきた段階で、試行錯誤を繰り返していく

3カ月くらい経ったら、結果を見てみましょう。

別に3カ月でなくても、1カ月や2カ月でもいいのですが、通説や私の経験則でいうと、3カ月くらい経ったころから記事の検索順位への反映が十分に行われます。そうするとある程度アクセス数も集まってきている状態だと思うので、結果を振り返ったときに満足感があります。

なかなか読まれない・売れないという状態を毎日チェックするのは、ちょっと気分が落ち込むという人もいるでしょう。そういう人は、Google AnalyticsやASPの管理画面を見ないで進んでもいいです。

最低限計測されていることが確認できれば、最初は毎日チェックしなくてもいいと思います。別に気にならない、そういうものだと思って進められるという人は、毎日チェックしてください。

自分の気分やモチベーションをコントロールするのも、とても大事です。

こうして結果を確認しながら、うまくいっていたらその調子で進んでいきましょう。

アクセス数が少しずつでも順調に伸びていたり、報酬が1回でも出ていれば（広告がクリックされているだけでもOK）、うまくいっている証拠です。

余裕があれば、もっと記事の質を高めるにはどうすればいいか？　もっとたくさん効率よく記事を更新するにはどうすればいいか？　と考えてみてください。

アクセス数がはじめのころから伸びていない場合

アクセス数がほとんど伸びていない、クリックさえもされていないという状態であれば、少し立ち止まってやり方を変えてみましょう。

この場合、量さえあればいいと思って突き進むのは危険です。**最初は量を重視しますが、その後は少しずつ質を重視するようにシフトさせましょう。**

アクセス数が伸びていない場合には、**「ビッグキーワードやミドルキーワードあたりをねらいすぎている」「ロングテールキーワードで引っかかってこない」「記事のボリュームがあまりにも少ない」「人の記事をほとんどコピペ・リライトしたような記事を書いている」**といったことが考えられます。

> **Advice　3カ月経ってもアクセス数が伸びない理由**
> ★ キーワードの問題　　★ 記事のボリュームが少なすぎる
> ★ 記事の内容が薄い（独自のものでない）

広告のクリック数が少ない場合は、**「記事の売りつけ感が強くて警戒されている」「読者の求めている情報が少ない（説得力に欠ける）からクリックに至らない」「リンクの場所がわかりにくい」**といった要因があります。

> **Advice　3カ月経ってもクリック数が伸びない理由**
> ★ 記事の内容が薄い　　★ リンクや配置の問題

記事を継続して執筆していたにもかかわらず、結果があまりよくないようなら、上記の点を中心に見直してみましょう。

パターン ❹ タイトルにキーワードが含まれていますか？

なかなかアクセス数が伸びない場合は、キーワードの問題であることが多いです。なかでも、最も重要なのはタイトルです。記事の内容がどんなに充実したものでも、タイトルにキーワードが含まれていなければ、読者はたどり着くことができません。特にアフィリエイトでは、キーワードがすべてだといわれるくらいです。購入意欲の高いキーワードを探したり考えたりする努力をしている人も多いです。タイトルにキーワードが含まれているかどうか、また、検索に引っかかるように考えられているか、見直すポイントについてお話しします。

Check!
- ☑ タイトルには、3語以上のキーワードを入れる
- ☑ キーワードを並べるだけでなく、興味を引くタイトルを考える
- ☑ 必要以上にあおるなど、記事の内容にそぐわないタイトルはつけない

❶ 2語以下のキーワードしか含まれていない記事は要注意

「アクセスがない」「検索順位が上がらない」といっている人の記事を見せてもらうと、たいていタイトルがまずかったりします。また、共通点として、**「2語以下のキーワードしか含まれていない」**ということがあります。

「ダイエット 運動」「食生活 改善」

こうなると、ターゲットとなる読者像が曖昧で誰にも刺さらなくなり、さらにキーワードが広すぎてライバルが多く、結果読まれない記事になってしまいます（「㉝ 記事タイトルには必ずキーワードを含めよう」「㊣ ㊤ SEO編 ロングテールキーワードを考える」参照）。

Advice 読まれない記事があったり、全体的にアクセス数が少ない場合の対処法

- ★ 記事のタイトルに最低でも3語以上のキーワードが含まれているか確認する
- ★ タイトルの最初のほうにキーワードを含める（前のほうに目を引くためのキャッチコピーなどを入れる場合を除く）

必ずしもキーワードを前のほうに入れないといけないということはありませんが、キーワードは前のほうにあるとわかりやすく、検索順位も上がりやすい傾向にあります。

キーワードがあまり後ろのほうに行ってしまうとユーザーも見つけにくくなるので、できるだけ目立つ場所に持ってくるようにしましょう。

まず見直すべきは、**キーワードの数が3語以上になっているか、そしてそのキーワードができるだけ頭のほうにまとまって出てくるか、**ということです。この2つを確認したうえで、次の項目もチェックしてみてください。

② 記事の内容を適切に反映しているタイトルが理想的

キーワードが大丈夫となれば、次はそのキーワードの組みあわせについて考えていきましょう。キーワードをただ並べるだけでは味がありません。

「必見」「厳選」「お勧め」といった目を引く言葉を入れたり、「5分でできる」「毎日30分」「3つの方法」などと**数字を入れて具体的なイメージをわきやすくしたり、キーワードのつなげ方を工夫します。**

その記事全体の内容や、誰に向けた記事なのかによって伝える言葉を考えるようにしてください。ただし、必要以上にあおったり、記事の内容を誇張したりするようなタイトルをつけてはいけません。

なかには、きつい言葉や乱暴な言葉、命令口調を使ったあおり気味のタイトルなども見かけますが、それらは炎上や批判を呼ぶ可能性があります。

タイトルに引かれてクリックしていざ記事を見てみたら「タイトルから想像していた内容と違った」となれば、あなたの信用に影響します。誇張表現が多い、あおり文句が多い文章は、一時は記事を見てもらうきっかけになっても、「もっと読んでみたい」と、その後につなげるのはなかなか難しいです。

興味を引くためにいろいろ工夫するのはいいのですが、**人を不快にさせるような言葉やあおり文句は使わず、記事の内容を適切に表現したタイトルにしましょう。**

パターン ❺ 誰かの真似をしようとしていませんか？

何をはじめるにしても、すでに成功している人の例を参考にするのは、とてもいい方法です。真似から入り、そこから自分独自の方法へと発展させていくのが間違いのない方法です。この点、ブログやアフィリエイトは少し難しい点があります。10人いれば10通り、100人いれば100通りのやり方があると考えられるので、誰かの真似をし続けるのは危険でもあります。参考にするのは賛成ですが、真似をすることで自分のよさが消えてしまわないようにしましょう。

- ☑ 面白いことを書こうとしない、バズをねらいにいかない
- ☑ 自分の知識や体験をもとにした「役に立つ情報」を主軸にする
- ☑ 人のブログは参考程度にとどめ、自分の記事を書く時間をつくる

1 無理して書いたことは読者には響かない

　私がブログをはじめて最初の1年くらいは、SNSも使わず、誰とも交流せず、コツコツ記事を書き続けていました。1年をすぎて少しずつブロガーさんやアフィリエイターさんの知りあいが増えはじめ、「すごい人ってたくさんいるんだなあ」と驚き、うらやましいなと思うこともありました。

　面白いことや目立つことを書いてバズっている人がたくさんいて、すごい！　とも思いました。そして、私もそんな風にもっと見られる記事を書きたいと、無理をして記事を書いたことがありました。タイトルを少しあおり気味にしたり、人の興味を引くことだけ考えて書いたり……。

　しかし、そういう記事は、ほとんど読まれませんでした。あとから、「あの記事は私らしくなかったな」と思い、私は私なりに記事をコツコツ書いていくのが1番だと気がついたのです。

　読者に見られること、アクセス数がアップすることを中心に無理して記事を書くと、読者に響かないものになります。何より、人それぞれ書ける内容と書けない内容があるのだと実感しました。

　面白いことを無理やり書こうとしたり、誰かのやり方に寄せたり、バズをねらいにいこうとしていたりすると、何となくわかってしまいます。不自然

に感じますし、ねらっているのがバレバレなことがほとんどです。そして、私自身もこういうことをしていたのだと反省しました。

　もちろん、レイアウトやデザイン、言い回しなど、いいと思ったところは参考にし、自分なりにアレンジして取り入れていいのですが、記事の内容までその人に寄せてしまうと、自分らしさがなくなります。

　ブログやアフィリエイトにはこれといった正解がないので迷ってしまいがちですが、ほかの人のいいところは真似しつつも、自分の記事の書き方は自分で確立させていくようにしましょう。

　そのためには、とにかく書くことが必要です。「初心者は量をこなすことが必要だ」と書きましたが、本当にそのとおりで、書けば書くほど自身の中での試行錯誤が可能になります。

　無理して書いた記事は、あとから見返したときに「自分っぽくないな」と思うはずなので、**独自の内容を書くという基本を忘れない**でおいてください。

② 知識や体験、失敗をもとにした「役に立つ情報」をコツコツ発信する

　自分の知識や体験をもとにした「読者の役に立つ情報」を発信することを忘れなければ、誰かの真似に寄りすぎることもなくなります。

　オピニオン系の記事は、自分がいつも読んでいるブログの記事にどこか影響されがちです。自分の思いを書く記事ももちろん素敵だとは思いますが、影響されやすいこともあるため、**自分独自の内容を書きたいなら、やはり独自の知識や体験に根拠を置いたものを書くのがいい**でしょう。

　個人の知識や体験、失敗談に主軸を置いた記事は誰ともかぶりようがないですし、説得力もあります。人のブログに影響されすぎず、自分のよさを見つけることを大切にしてください。

　アクセス数が何万、何百万とある人や、ものすごい額を稼いでいる人を見ると、「早く追いつきたい！」と思って真似に走ってしまいやすいです。成功している人のやり方には、参考になるところがたくさんあります。しかし、影響されすぎてあなた独自のよさが薄れてしまったら本当にもったいないです。

　また、**無理が出てくるため、ブログやアフィリエイトが楽しくなくなって、継続できなくなりやめてしまう**ということもあります。

　うまくいかなくて焦るあまりに、誰かの真似をしすぎるということがないように、自分のよさを大切に、コツコツ続けていきましょう。

パターン❻ 続けられない自分を責めていませんか？

ブログやアフィリエイトで結果を出すには「続けること」が大事だと何度も書いていますが、これが逆に続けられない原因となっている人もいます。どういうことかというと、続けられない自分を「ダメだ」と思い、ますますやる気が失われていくということです。あなたにもありませんか？ 「やらなきゃいけないとわかっていることをあと回しにしてしまって、ますます罪悪感が募り、さらにやらなくなってしまう」という悪循環にハマったことが……。真面目な人ほどこう考えてしまいがちです。

- ☑ 書きたくないときは無理に書かない
- ☑ 書けるとき書けないとき、人間のやる気は波があってあたりまえ
- ☑ 努力や根性に頼らない、習慣化の工夫をする

1 書きたくないときは無理に書かない

どうしても書きたくないとき、書けないときってあると思います。文章を書く気になれないとき、書いてもフワッとした文章になってしまってピンとくるものが書けないとき、体調が悪いとき……。人それぞれ、こういったタイミングはあります。

私も、最初こそなるべく毎日更新するようにしていましたが、1週間以上更新していない期間なんてたくさんありますし、1カ月くらいブログから離れた時期も何度かあります。

会社員時代は、毎日1記事更新するのにものすごい労力を使いましたし、とてもではないけれどそれをずっと続けることはできませんでした。「無理に書いていいものなんて書けない」と思って、お休みした時期もありました。そのときの私の考え方としては、**「ブログやアフィリエイトが本当に必要だったら、また自然と書きたくなるだろう」**という感じです。

私は密かに、いずれ会社を辞めて独立したいという考えを持っていたので、「今は書けなくても1週間後、2週間後にはまた書きたくなっているだろう」と思って休みたいときは休みました。

「多少無理をしてでも毎日続けたほうがいい」という意見もわかります。たしかに、習慣化するためにはある程度無理をしなければならないときもあります。

しかし、「書かなきゃいけない」「やらなきゃいけない」と思えば思うほど、罪悪感が強くなって書けなくなることもあります。そうなるくらいなら、**いっそのこと「書きたくなるまで休もう！」と、思い切って休んでみましょう。**

３カ月以上書かないとなると結果が得られにくくなるのであまりお勧めしませんが、**１週間〜１カ月くらいは休んでも、すぐにアクセス数に影響するものではありません。**

書けるとき書けないとき、誰にでも波はあります。私も、今までの４年間、毎日欠かさず更新したわけではありません。もちろん、毎日更新していたらまた違った結果が得られたかもしれませんが、無理をしなかったからこそ今まで続けてこられたような気がします。

Advice　ずっと書き続けていくための３カ条

★ 書けないからといって落ち込まない
★ もっとがんばれるのにと自分を過大評価しない
★ 自然と書きたくなるまで休めばいい

② 努力や根性に頼らない方法を考える

とは言え、「書こう！」という心意気は必要です。

❶の悩みは、「書こうと思っても何かしらの理由で書けないとき、どう考えるか」というものであって、決して「書かなくていい」ということではありません。

しかし、だからといって努力や根性に頼れともいいたくありません。

記事を書き続けるためには、自分が楽しいと思えるようにすること、自分がやりやすいところまでハードルを下げることが大事です。

たとえば、私は記事を途中で「下書き」に入れるのが苦手です。下書きに入れてしまうと、どんなことをどこまで書いたか忘れてしまい、思い出すのもひと苦労なのです。

その結果、「もうゴミ箱でいいや」とせっかく途中まで書いた記事を消してしまうこともあります。度々こうしたことが重なったので、どうにかして記

事を書ききれないものかと悩みました。記事を書ききるとなると、まとまった時間を取る必要があります。

しかし、まとまった時間を取ることも難しいとき、どうしようか悩んだ結果、**「2段階に分けて書く」**ということを思いつきました。

Advice　記事の下書きのコツ

★ スマホのメモ帳などに、書きたいことをバーっと書き出す
★ 「です・ます」といった語尾や、誤字脱字は気にしない
★ 文章の骨組みをつくるようなつもりで、誰に見せることも意識せずに書く

こうすると、**単純に語尾を書く時間がなくなることと、人に見せることを意識せずに自由に書けることから、あっという間に書き終わります。**

● スマホのメモを利用したラフな下書き例

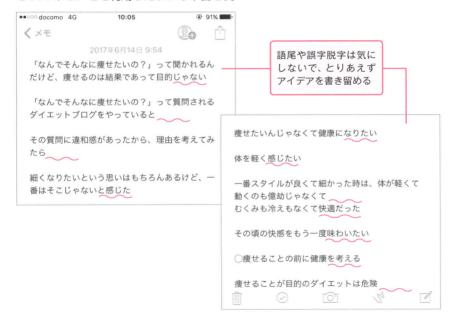

語尾や誤字脱字は気にしないで、とりあえずアイデアを書き留める

そして、2段階目でこの骨組みの文章の体裁を整えていきます。

「です・ます」といった語尾をつけたり、文章同士のつながりを整えたり、表現を変えたりしながら人に見せられる形にしていきます。

● **ラフな下書きをもとに文章を整えた例**

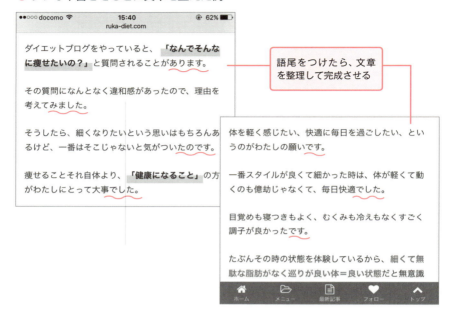

　はじめから一生懸命書いていくと、途中で疲れてしまい、時間もかかります。それを防ぐため、最初は短いまとまった時間でラフを書き、また別のまとまった時間に体裁を整えていく感じです。

　会社員で日中書く時間を取れない人は、朝の通勤電車やランチの時間に書きたいことをまとめてラフに書いておき、帰ってから体裁を整えるようにしましょう。**慣れると、合計1時間で2,000文字くらいのボリュームで書ける**ようになります。

　これは工夫の一例ですが、こんな風に自分が書きやすい方法を確立していくと、続けやすくなります。

　仕事が終わって帰宅して書く時間がないなら、隙間時間をどう使うか。ほかにもいろいろ方法はあると思います。

　いずれにしても、「寝る時間を削ってでも書く！」「根性で書く！」などと無理をしないことです。睡眠不足は美容の敵です。

　私の場合、ダイエットや美容に関するブログを書いているのに、寝ないでブログを書いているなんて本末転倒になってしまいます（笑）。**努力や根性に頼るのではなく、「工夫すること」を集中して考えてみてくださいね。**

パターン ❼
人と比べすぎていませんか？

ブログ開始数カ月で何十万PVとすごいアクセス数を叩き出したり、1年経たないうちに月収100万円を達成したりする人もいます。そういう人たちを見ていると、正直、4年間コツコツ続けてきた自分に劣等感を感じるときもありました。「ほかの人はこんなに短い期間で結果を出しているのに」と落ち込んだこともありました。「自分はがんばってもダメなんじゃないか」とネガティブ思考になることもありました。でもそんな風に考える必要はまったくありません。

Check!
- ☑ みんな違ってあたりまえの世界
- ☑ 自分だけの目標をつくることが大切
- ☑ 思い切って「周りを見ない」こともひとつの手

① ブログやアフィリエイトは、「みんな違ってあたりまえ」

　ブログやアフィリエイトは、これまでお話ししてきたとおり、人それぞれのやり方があります。正解はないので、試行錯誤の連続で大変だと感じることもあるでしょう。しかし、だからこそ面白いという面もあります。

　また、カテゴリーや記事の内容、文章の書き方、タイトルのつけ方、ブログのデザインや見た目、どんな人が書いているかによって、ひとつとして同じブログはありません。アフィリエイトのやり方もいろいろです。そう考えると、みんな違っていて当然なのです。

　たしかに天才的にすごい人もいて、あなたとは違うかもしれません。それでも、あなたがダメだという理由にはなりません。事実、私は、バズらせたりSNSで拡散させたり面白いことをしたりといったことは苦手です。無理してやろうとして失敗したこともあるので、この先もやらないでしょう。

　その反面、コツコツ書き続けることに関しては結構がんばってきたなと思います。4年間継続してダイエットのことについて書いてきたので、研究熱心、好きなことにとことんハマるということについては、これから先も自信を持ってやっていきます。

ほかの人が自分より早く結果を出していると「自分はダメかも」と思ってしまう気持ちは非常によくわかりますが、そういうことではないのです。
「あの人もがんばっているから私もがんばろう！」というくらいにとどめておいて、あなたはあなたのペースでやっていきましょう。

② 自分だけの目標をつくる

自分のペースでやるには、自分だけの目標をつくるのが１番いいです。

私はブログをはじめた当初、「会社員の初任給（20万円ほど）くらい稼げるようになるぞ！」と意気込んでいました。

特に期間は決めていませんでしたが、１〜２年の間には達成したいと考えていました。その間、たまたまですが、ほかのブロガーさんやアフィリエイターさんと関わることはなかったので、自分が人と比べてどれくらいのペースで進んでいるのかわからずにいました。今振り返ってみれば、このことがいい方向に働いたような気がします。

あなたには、今の時点で何か思い描いている目標はありますか？　「月に５万円くらい副収入を得られたらいいなあ」という人から、「月に20万円以上稼いで独立したい」という人もいるでしょう。**どんな目標でもいいので、自分だけの目標をつくっておけば、ブレることはありません。**

また、どうしてもほかの人の動向が気になってしまう人は、思い切って**「SNSを見ない」**ようにしましょう。見てしまうから気になるのです。

私は、そういうときには**あえてSNSからの情報を遮断して、とにかく書くことだけに集中しました。**今は、TwitterやFacebook、Instagramなどで、周りの人の近況を簡単に知ることができます。とても便利ですが、こうした情報に触れすぎると疲れてしまいます。**疲れて自分の方向性がブレそうになったら、思い切って情報を遮断することも必要**です。

情報を集めることは大切ですが、情報に呑まれてしまっては、やるべきことが見えなくなります。

Advice 　目標を達成するために、疲れずに続けるコツ
- ★ 人と比べず、自分の目標と向きあう
- ★ 疲れたときは、情報量をコントロールしてSNSを遮断する
- ★ 書くことに集中して地道に進んでいく

ブログ・アフィリエイトで成功するための3カ条

この章では、「うまくいかないな」と悩んだときに見直すべきポイントを見てきました。最後にまとめとして、ブログとアフィリエイトで成功するために大事な3つのことをお話ししておきます。これら3つのポイントから外れなければ、あなたのブログは必ず読まれるようになり、必ず稼げるようになります。どれも簡単なことではありませんが、困ったときには思い出してください。

- ☑ 何はともあれ継続が1番
- ☑ あなた独自の知識と体験を大事にする
- ☑ 読者目線 = 人の気持ちを想像する力を育てる

① 結果が出るまで何が何でも継続させる

何度も話してきたことなので「また？」となりそうですが、大切なことなので何度でもいいます。ひとつ目のポイントは、**ブログとアフィリエイトほど、継続がものをいう作業はない**ということです。

しかも、どれくらい継続すればどれほどの結果が得られるという確実性もないため、結果が出ない期間は途方に暮れそうになります。それでも、**継続するしかない**のです。

文章を書くこと自体が楽しいという人であれば習慣化はあまり苦ではないかもしれませんが、ほとんど書いたことがない人、慣れていない人にとっては大変かもしれません。

ブログやアフィリエイトで成果を出したいなら、絶対にやめないでください。**やめたらその時点で終わりですが、やめなければ可能性は消えません。**

細く長くでもいいので、とにかく続けることが何よりも大切なことです。

Advice　ブログを継続させるコツ

1. 結果を焦らないこと
2. 先を見すぎないこと

② あなたの常識はほかの人の非常識

2つ目のポイントは、**オリジナルの内容を書く**ということです。面白いことや奇抜なことを書けということではありません。これまでも書いてきたとおり、**あなたの常識はほかの人の非常識だと心得て、どんどんアウトプットしていってください。どこかから情報を寄せ集めて書いた内容より、オリジナルの内容が最も大きな価値を持ちます。**

また、これは最近見ていて感じることですが、「実際に体験した、やってみた」「買ってみた」というような内容が、より検索上位に来やすい傾向があります。つまり、自身の知識や経験がもとになった記事に価値が置かれはじめているということです。私のブログでも、たしかにこの手の記事は、時間がかかっても必ず検索上位に上がっています。

本当に人が求めているものは、個人が発信したリアルな情報です。そのことを忘れず、あなたの独自の記事をどんどん書いていってくださいね。

③ 人の気持ちを想像する練習をする

3つめのポイントは、**読者目線**です。**あなたの記事を見て、文章を読んで、読者はどのように感じているのか想像する力**のことです。これをやらないと、独りよがりの文章になったり、読者へは届かない記事になってしまいます。

どうしたら人の気持ちを考えられるのか、ひとつの練習方法として**「読書」**をお勧めします。小説なら登場人物の考えを知ることで想像力が養われますし、ビジネス書なら「こんな考え方もあるんだ」と知見を広げるきっかけになるでしょう。**読書はブログのネタになるだけでなく、人の考えを深く知ることのできる貴重な手段です。**

文章をたくさん読むことで、自分の文章と比較するきっかけにもなります。

「この人の書き方、とてもシンプルでわかりやすい!」と思ったらその人の文章と自分の文章を比較していいところを取り入れればいいですし、新しい言い回しや表現を増やすこともできます。

Advice 　読者目線の養い方

★ 読者目線は一朝一夕には養うことはできないものなので、日々の意識や読書などによって、少しずつ身につけていく

トップブロガーに訊く！③

ザ サイベース

https://thesaibase.com/ （とみっちさん）

誰かの役に立つ情報をブログで発信し続けたら、いろいろなことが変わっていった

「ザ サイベース」は、サイト制作やネット回線、音楽、自動車などを中心とした雑記ブログです。昨年アフィリエイト報酬があがりはじめたことがきっかけで、自分が使っていて、かつ読者にお勧めでき、アフィリエイト報酬が得られる商品やサービスを紹介する記事を増やしています。特に「光回線」に関しては、たまたま自分の家に導入したものをブログで紹介したところ、僕の記事を経由して申し込みが何件もあったことから、力を入れるようになりました。

また、できるだけ読者が読みやすいデザインになるように、自分のブログをひたすらカスタマイズしてきました。アフィリエイトセミナーで広告主さんに会う機会があったのですが、僕のブログのことを知っていて、「読みやすくてきれいなブログですよね！」といってもらえたときはうれしかったです。

WordPressのカスタマイズに関しては、ブロガーに人気のテーマ「STORK」を導入しています。読みやすくてきれいなうえにブログとしての機能も豊富で、カスタマイズに余計な時間をかけるよりも、最初からこういったすぐれたテーマを導入しておけばよかったと衝撃を受けました。余談ですが、「STORK」を紹介する記事も書いていて、毎月申し込み件数に応じた紹介料が入っています。

ブログをはじめたばかりのころは、クリック報酬型のGoogle AdSenseで稼ぎたいと考えていました。そのため、2015年までは流行っているキーワードで記事を書いたり、特定のテーマに関して否定的なことを書いて読者をあおったりしたこともあったのですが、ことごとく失敗しました。

ほかのブログと差別化しようとしてタメ口を使っていたこともありましたが、今では、アフィリエイト記事ではタメ口はデメリットとなる可能性が高いと思っ

ています。丁寧な口調で、読者の疑問を解決できる記事を書くスタイルに変えたところ、記事をじっくり読んでくれる人が増え、アフィリエイトの成約率も上がっています。いろいろな実験がすべて自分のノウハウになるのもブログ運営の醍醐味です。

ブログをはじめてよかったことは？

好きなときに好きな場所で記事を書いて生活できる、今のスタイルが成り立っていることです。また、ブログを通して多くの人と知りあえるのもうれしいです。

初対面の人に会うときに、自分のブログをかなり念入りに読んでくれている人もいて、共通の話題がすぐに見つかったりする点もいいですね。

更新頻度にムラはあるものの、もう 10 年以上もブログを書いているので、これからもブログというしくみがあるかぎりは書き続けると思います。

ブログで収益をあげるためにしていること

ブログの収益の中心となっているのは、商品やサービスを紹介することで得られるアフィリエイト報酬やクリック報酬型の Google アドセンスです。

ただ、アフィリエイト報酬でなくとも、自分が得意なことを発信していると、収益化できる可能性が高まります。たとえば、僕の場合は Web 制作者なので、プログラミングや WordPress に関する情報を発信し、マンツーマンレッスンをしますとブログで書いたところ、これまで 20 人以上の人からレッスンの依頼をいただきました。うれしいことに、ほかにも専門学校の講師や、講演会などの依頼などをいただく機会もときどきあります。

このように、ブログから直接アフィリエイト報酬を得るだけでなく、ブログを通してほかの仕事につながることも多々あります。ブログからの収入を増やしたいという気持ちは強かったのですが、2015 年までは毎月ほぼ 1 万円以下でした。2016 年、ブログアフィリエイトで稼げると知って、力を入れて取り組むようになってからは、3 万円、5 万円、10 万円と発生金額が増えていき、12 月には 18 万円を突破することになりました。2017 年も報酬は増え、3 月は 60 万円を突破しています。

これからブログをはじめるあなたへ

個人の発信がこれほどまでに世の中に届くようになった時代は、いままでありませんでした。自分の考え方や、得意なことなどを発信して、それで収益を得ることも可能なのだから素晴らしいことだと思います。

僕自身は、これまで働き方やライフスタイルを模索して苦悩することが多かったのですが、そんな中で光を見出せたきっかけのひとつはブログでした。収益化を図るための記事だけではなく、僕がこれまで悩んだことと同じような悩みを抱えている人のために、役に立つ情報なども発信していきたいと考えています。

いきなりブログで生計を立てよう！　と意気込むと、記事を書き続けるのがつらいかもしれませんが、まずは日々の暮らしの中で生活の一部として発信を続けると、ブログを通してちょっといいことがあったりするかもしれません。

Chapter - 6

ブログでお金以外に得られるもの

私がブログやアフィリエイトをお勧めするのは、お金を稼ぐ以上にたくさん面白いことが起きるからです。ブログをはじめる前と後では、まるで真反対の世界に生きているような感覚です。ブログやSNSを通じて発信したら、こんなことが起こった！　という事例を紹介します。

75 悩みやコンプレックスが人の役に立つことを知った

ブログをはじめて、最初に驚いたことが「こんな一個人の悩みとかコンプレックスが、人の役に立つんだ！」ということでした。ブログをはじめるまで、私の中で悩みは悩みでしかなく、コンプレックスは単なるコンプレックスにすぎませんでした。ブログをはじめてからは、それらが意味のあるものへと変化したのです。読者から感想をもらうようになり、すごく不思議な気持ちになり、悩みやコンプレックスがあってよかったとさえ思うようになりました。

Check!
- ☑ 悩みやコンプレックスがある人こそブログをはじめたほうがいい
- ☑ 「なければいいのに」から「あってよかった」へ変わる
- ☑ 一個人の体験や想いに救われる人はたくさんいる

1 悩みやコンプレックスがある人にこそブログをはじめてほしい

　私の悩みやコンプレックスは、「体型」でした。大学1年生のときの恋愛で抱えたストレスと、その後のアメリカ留学であっという間に太り、気がついたときには10キロ増。私は身長が167センチと高いため、当時は縦にも横にもデカく、迫力がありました。すれ違った人に体型のことについて何かいわれたこともありますし、コンプレックスだらけでした。

　頭痛、腰痛、坐骨神経痛、むくみ、冷え、不眠……。これでもかというくらいの体の悩みがあり、整形外科や整体、鍼など、いいと聞けば大学の授業を休んででも行き、どうにか体を楽にしたくて毎日つらい状態でした。眠れないので疲れも取れなくて、どんどん疲労が溜まっていく日々です。

　このときは本当につらく、嫌で嫌でしかたありませんでしたが、今振り返ればこの経験があったからこそ今があるといえます。**自分自身で体型のコンプレックスや体の痛みを実感していなければ、書けなかったことがたくさんあります。そう考えれば、あの経験も無駄ではなかったわけです。**

　自分の経験が人の役に立つことを実感できると、自分を肯定できるようになります。ブログをはじめて1番うれしかったことは、おそらくこれです。

Advice 私がブログをはじめて感じた最も大きな変化

自分に自信がなかった

↓

人の役に立てたことと、それによって自分に自信を持てたり、肯定的に考えられるようになったりした

② 個人のリアルな体験や想いは貴重なもの

あなたが何かで悩んでいるとき、同じことで悩んだ経験があって、さらに問題を解決したという人がすぐ近くにいたら、どのように感じるか想像してみてください。

きっと、**解決策を参考にしたり、同じような人もいるんだと安心したりするのではないでしょうか。**

誰かにとってのこういう存在になれたら、とてもうれしいと思いませんか？ その体験や想いは、はじめは数人にしか届かないかもしれません。しかし、何カ月何年とかけて、数十人数百人、数万人へと届くようになります。あなたの体験や想いに救われる人が、たくさんいるはずです。

そう考えたら、**悩みやコンプレックスという人に話しにくいことこそ、最も発信していくべきことなのではないか**と思いませんか？

 実名でなくてもいいから、悩みやコンプレックスをさらけ出してみる

悩みやコンプレックスがある人

マイナスな体験として終わらせてしまうのではなく、ブログを通してプラスのものへと変えていく

共感してくれる人や、「役に立った」「参考になった」と言ってくれる人が出てくる！

76 家にいながらたくさんの人と つながることができた

家にいると、通常は誰とも関わることがありません。外に出かけないのですから、あたりまえですよね。しかし、ブログをはじめてからは、家にいながらより多くの人と関わるようになりました。しかも、つながるときのきっかけがダイエットやブログ、アフィリエイトなどの共通の話題なので、今までの「高校でクラスが一緒だったから」「たまたま入った会社で一緒になったから」という場合とはまた違った関わり方ができるようになったのです。自分の興味があること、好きなことを通して人とつながることができるというのは、こんなにも楽しいものなのかと驚きました。

Check!
- ☑ 外に出て行くのがあまり得意でない人でも、誰かとつながることができる
- ☑ 共通の話題を持った人と知りあうことができる
- ☑ どんなに距離が離れた人とでも交流できる

1 ブログがきっかけで友人や知りあいが増えた

　私は、普段積極的に外に出て行くほうではありませんし、人が大勢集まるところに行くのはどちらかというと苦手です。

　落ち着いた環境でのんびりすごすことが好きで、たまに東京都内に買い物に出かけたりしても、すぐに帰ってきてしまいます。大人数の飲み会に行くことも滅多にないですし、会うなら2人、多くても3人くらいの少人数で出かけることがほとんどです。

　つまり、社交的・外交的ではありません。人と会うのは好きですが、それがしょっちゅうとなると疲れてしまうのです。こういう人は、少なからずいるのではないかと思います。

　また、このようなタイプの人は、人と関わる機会が少ないために、友人や知りあいが少なくなる傾向にあります。私もそうでした。

　しかし、**ブログをはじめてからは、面白いように交友関係が広がっていきました。**Twitterで声をかけていただいた人とランチがてらブログを書いたりすることもありましたし、話が盛りあがって定期的に会うようになった人も

います。ダイエットブログがきっかけのこともあれば、アフィリエイトブログがきっかけのこともあります。

今でも大勢が集まる場に足を運ぶことはあまりありませんが、こうして知りあった人と話して盛りあがるのはとても楽しいですし、勉強になることもたくさんあります。

現在の私の交友関係は、ブログがつくってくれたといっても過言ではありません。

ブログがなければ知りあえなかった人が、今私の周りにはたくさんいます。

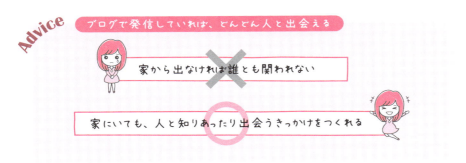

② 共通の話題や趣味を持った人と知りあうことができる

ブログを通して知りあう人の特徴として、「共通の話題を持っている」ということがあります。

ブログを見て連絡をくれる人は、すでにブログからどんな人かをだいたいわかってくれているので、そのあとの話がスムーズに進みやすいのです。

ダイエットブログなら、ダイエットの話からはじまるし、アフィリエイトブログなら、ブログやアフィリエイトの話がきっかけで知りあうことになります。

誰でも共通の話題を持っていれば話しやすいものなので、人と話すのがあまり得意でない人でも、話が弾みやすくなります。

あなたもきっと、自分と好きなものが共通している人とだったら、初対面でも盛りあがれそうな気がしませんか？

ブログを通して人と知りあうと、そういうことが頻繁に起きるのです。

また、**距離が関係ないのもブログの素敵なところ**です。

相手が日本のどこにいようと、たとえ海外にいたとしても、インターネットさえあれば気軽にやりとりすることができます。

つまり、**ブログを通して世界中の共通の興味を持った人たちと関わることができる**のです。

すごく壮大な話に聞こえるかもしれませんが、これは本当のことです。**現実社会での関わりで共通の話題を持った人を探すのは、意外と大変なものです**。

例　ダイエットに興味を持つ人を見つけたい場合
美容系のサークルやスポーツジムなどに所属する

これだと関わる人数はかぎられますし、コストもそれなりにかかります。そう考えると、ブログというツールは、大変便利でお得なものだと感じます。

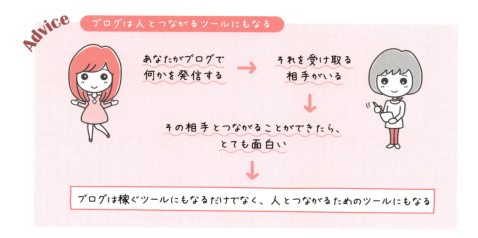

好きな人・憧れの人に近づくことができた

ブログをはじめて、私には夢みたいなことがたくさん起こるようになりました。一気に世界が広がって、今までだったら絶対に知りあえないような人とも知りあえて、不思議な気持ちでいっぱいです。ブログを書いていると、好きなものとより深く関わることができたり、憧れの人に近づくきっかけができたりします。ブログで記事を書いてコツコツ発信するだけで、こんなにも大きな変化につながるものなのかと驚きました。

Check!
- ☑ 憧れの人に近づくことができる
- ☑ インターネットとリアルな世界を分けない
- ☑ 本人が目にする可能性を視野に入れる

1 憧れの人に近づくことができる

ブログをはじめて、憧れの人に近づけたことがありました。

私は、「これはよさそう！」と思った手法（エクササイズのようなもの）を自分で試したり、考えたりしたことをダイエットブログで発信していました。すると、その手法を編み出した方から連絡があり、その方のセミナーに呼んでいただくことができました。「こんなことってあるんだ」と驚くとともに、「ブログやっていてよかった！」と心の底から思いました。

Advice　憧れの人に会えるかもしれない

自分の好きな人や憧れている人について積極的に発信していく

↓

運よく本人から反応をもらえることも……

↓

必ずしも本人に届くとはかぎらないが、もしかしてということもあるので、どんどん発信していこう

6　ブログでお金以外に得られるもの、注意すること

また、実は本書の監修をしてくださった染谷昌利さんも、私がブログをはじめた当初から憧れの人でした。ブログをはじめてすぐのころ、染谷さんの著書である「ブログ飯」(インプレス刊)を読み、その内容のわかりやすさと丁寧でやさしい文章の書き方に感動し、とても励まされたのを覚えています。**私のブログの中でも染谷さんの書籍を紹介させていただいたことがあり、その記事をTwitterにアップした際に反応をいただいたのが、最初のきっかけでした。**迷ったときや落ち込んだときは「ブログ飯」を読み返していたので、そんな染谷さんに今回本書を監修していただけたのが、いまだに夢のような感じです。

② インターネットとリアルな世界はつながっている

　どんなに遠い人であっても、その人が自分の書いたことを目にする可能性はあります。そう考えると、インターネットとリアルな世界はつながっているといえます。インターネットだから、顔をあわせないから適当なことを書いていいと思って発信すると、その人とは一生関わることはできないでしょう。

　その人に会いたいと思って発信していれば、好きなものや好きな人、憧れの人について熱心に発信することで、確実に1歩近づくことができます。

　ブログで発信する際には、ぜひこのことも意識してみてくださいね。

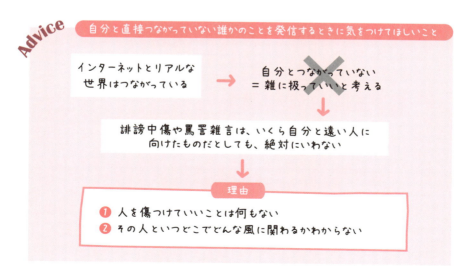

78 テレビ出演や雑誌掲載依頼など、思わぬ依頼が舞い込んできた

ブログをはじめてびっくりしたのが、たまに舞い込んで来る思わぬ依頼です。テレビ出演や雑誌掲載など、ブログをはじめる前にはまったく予測していなかった依頼が来るようになりました。本書の執筆依頼も、ブログがきっかけです。最近は、Twitterでの投稿がきっかけで書籍化したりすることも多いですよね。小さなところからでも発信していくことで、大きなことにつながるのです。

Check!
- ☑ 誰のもとにも依頼が来る可能性がある
- ☑ 自分の大切にしている基準を考えて受けるようにする
- ☑ 続けていると四半期ごとにいいことがある

1 思わぬ依頼は誰のもとにもやってくる

テレビ出演や雑誌掲載の依頼と聞くと、「いやいや、私なんかのところにそんな依頼が来るわけないでしょ（笑）」と思う人もいるかもしれません。私もまったく同じように思っていました。

そう、こうした一見すごく自分と遠くにあるように思えるもの（テレビや雑誌）は、実は一気に身近なものとなる可能性があるのです。

ブログをこれからはじめる人や、ブログをはじめたばかりの人は、まだきっと想像できないと思います。私もそうだったからわかります。でも、地道にブログを続けていると、こういうことも起こるのです。それは、いつどんなタイミングでやってくるかわかりません。**そういうときのために、ぜひ「お問いあわせページ」は設置しておいてくださいね**（「51 はてなブログ簡単カスタマイズ❸ お問いあわせページをつくる」参照）。

また、こうした依頼が来やすいブログの特徴のひとつとして、「独自性が高い」ということがあります。

自分が考えてきたことや体験してきたことをさらけ出せばさらけ出すほど、その人がどんな人か具体的にわかるので、依頼は来やすいです。

実名かブログネームか、顔を出しているか出していないかということは基

本的に関係ありません。**どんな記事を書いているかということが最も重要です**（テレビ出演したいなら、顔出ししておいたほうが有利です）。

そうした依頼はうれしいものではあるのですが、自分の中で基準を持っておくことも大切です。

私の場合、はじめてのテレビ出演依頼は「早期退職した人」のスピーカーのうちの１人として出演してほしいというものでした。最初に勤めた会社を半年以内で辞めたという内容をブログに書いていたので、それを見て連絡をくれたそうです。しかし私は、はじめてテレビに出るならダイエットや美容のこと、もしくはブログやアフィリエイトに関することがいいと思っていたのと、早期退職は賛否両論分かれそうな話題なので出演を辞退しました。

ブログ以外の何かしらのメディアに露出するということは、思わぬ方向に自分のことが知れ渡る可能性を持っています。そのような影響も考えつつ、依頼を引き受けるか断るかを考えることをお勧めします。

② 続けていると四半期ごとにいいことが起こる

私の経験上、ブログを続けていると、四半期ごとにいいことが起こります。

四半期ごとというのは個人的な印象ですが、だいたいこれくらいのペースで何かしらいいことが起こるような気がしています。

すぐに結果が出ないとは何度もお話ししてきているとおりですが、ぐっとこらえて継続していると、まるでご褒美のように何かが起こります。

それが小さくても大きくてもしっかり実感として受け止めることで、「もっとやってみよう」「もう少し続けてみよう」という気持ちにつながります。

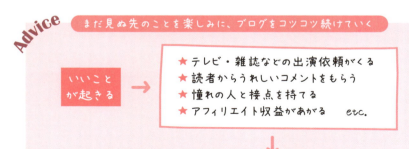

Advice　まだ見ぬ先のことを楽しみに、ブログをコツコツ続けていく

いいことが起きる →
★ テレビ・雑誌などの出演依頼がくる
★ 読者からうれしいコメントをもらう
★ 憧れの人と接点を持てる
★ アフィリエイト収益があがる　etc.

一足飛びにテレビ出演、雑誌掲載、書籍出版といった話が来ることはなかなかないが、地道にブログで発信することで、こうしたことも夢ではなくなる！

好きなことが仕事になったら、自分に自信を持てた

「75 悩みやコンプレックスが人の役に立つことを知った」で書いたとおり、ダイエットや体型の悩みは、私にとって単なるコンプレックスでした。悩みながら調べたり体験したりすることで、どんどんダイエットや美容にのめり込んでいきました。そうしていつのまにか健康や美容のことを考えるのが好きになり、ブログで発信していたら、それが仕事になりました。今こうして自分で書いていても、他人事のように感じますし、それくらい自分でも予想していなかった未来に自分がいます。ブログがきっかけとなって、好きなことが仕事になる人もたくさんいます。もちろん副業や趣味として続ける人もいますが、いつのまにかそちらが中心になっていた、という人もなかにはいます。また、好きなことが仕事になり、人の役に立てているという実感がわいてからは自分に自信を持てるようになりました。

Check!
- ☑ 好きなことが仕事になるかもしれない
- ☑ 消費するのも面白いけど、発信するのはもっと面白い
- ☑ 誰かに喜んでもらえたり、誰かの役に立てたりすると自分が好きになる

1 好きなことが仕事になったら楽しい

ここ数年でYouTuberが有名になるにつれ、**「好きなことで生きていく」**という言葉も同時に有名になったように思います。この言葉、私にとっては難しく、縁のない言葉のような感じがしていましたが、意外とそう難しいものではないと考えるようになりました。

最初はどんなに小さなところからだとしても、発信することで何かが変わると実感したからです。

文章を書くことが好きな人はブログ、写真やイラストが好きだという人はInstagramやTwitter、動画ならYouTubeで発信するのがいいでしょう。

今は、一個人がインターネットを使って簡単に発信できる時代です。芸能人や有名人でなくても多くのフォロワーを抱えている人もいますし、現在有名かそうでないかはまったく関係なくなってきました。

それほど、発信することのハードルが下がっているのです。

このチャンスを逃すのは、非常にもったいないです。

ブログの場合は、アクセス数が集まればアフィリエイトなどの広告収入を得られるだけでなく、「㊲ テレビ出演や雑誌掲載依頼など、思わぬ依頼が舞い込んできた」でお話ししたように、テレビ出演や雑誌掲載、書籍出版など、また違った仕事につながる可能性があります。

好きなことや興味を持っていることがあるのなら、インターネットを使ってどんどん発信していきましょう。

② 消費する側から生み出す側へ

私自身、ブログやSNSはいつも読む側、YouTubeはいつも観る側で、自ら発信することはありませんでした。

それがあるときからブログを書く側になったことで、いつのまにか仕事にまで発展していました。特に今仕事にしたいと思っていない人でも、先のことはあまり考えずとにかく発信してみてください。私も最初はただ発信していただけで、仕事にするという明確な意識は持っていませんでした。

ただ、**「ダイエットについて思うことを発信してみよう」と思っただけで、その先どうなるかはまったく考えていなかった**のです。

でも、たまたま運よくそれが仕事につながって、お金を稼ぐ手段と自分が好きなことが重なり、仕事が楽しくなってきました。決して楽だと感じることはありませんが、好きなことと仕事が結びついたのはとてもうれしいですし、単純に楽しいです。

「好きなことを仕事につなげてみたい」ともし考えているなら、その第一歩として、ブログやSNS、動画などで発信し続けましょう

③ 自分に自信を持ち、肯定できるようになった

「㊗ 悩みやコンプレックスが人の役に立つことを知った」でも書きましたが、読者からコメントや感想をもらうことで、自分が誰かの役に立っているという実感がわき、それとともに自分を肯定できるようになりました。ブロ

グをはじめるまではこれといった取り柄もなく、夢中になれるものもなく、何となく毎日をすごしていました。

　しかし、ブログをはじめて、自分の考えや体験を文章に起こして読者から反応をもらえるのがとても楽しく、夢中になりました。それがたった数人でも、「役に立った」「参考になった」といってもらえるのがうれしかったです。

　人は誰でも、誰かに喜んでもらえたり、誰かの役に立てたりすると、うれしくなるものだと思います。**私も、ブログをはじめるまで誰かの役に立っているという実感を持ったことが正直ほとんどなかったのですが、ブログを通してそうしたメッセージをダイレクトに受け取るようになって、「私でも誰かの役に立てるんだ」と思えるようになりました。**

　そういう経験を繰り返すと、自分のことが少しずつ好きになり、小さな自信が生まれてきます。「意外とやるじゃん」という感じで、自分のことが好きになっていきます。

　すると、ほかのことにもやる気が湧いてきて、今まで無理だと思っていたことにも挑戦したくなったり、「やってみたらできるかも」という気持ちが起こったりします。

　こうしてどんどん行動的になり、好循環が生まれていきます。

　ブログひとつでここまで変わるなんて不思議な感じがしますが、小さなことの積み重ねで人は変わっていきます。

　「何かやってみたい」と思いつつもモヤモヤしている人や、なかなか1歩を踏み出せないという人は、ぜひブログを通して発信することを視野に入れてみてください。

　思わぬ方向に世界が広がり、いつのまにか予想していなかったところに到達しているかもしれません。

　本書がそのための一助となれば、このうえなくうれしいかぎりです。

迷ったり、つまずいたりしたら、
何度も何度も本書を読み返してください。
必ず、答えが見つかるはずです！

あとがき

　ここまでお読みいただき、本当にありがとうございます。
　ブログで収入を得ることの第一歩は、「はじめに」でもお伝えしたとおり、書いてみることです。

　やってみること・行動することが何より大事です。
　やってみなければ成功も失敗もないので、まずは本書の中からひとつだけでも実践してみてください。

　私もそうでしたが、何かしら行動を起こすと、うまくいったりいかなかったりします。**うまくいけば「やったー！　この感じでやっていこう」となりますし、うまくいかなければ「今度はこのやり方でやってみよう」と試行錯誤する材料になります。**

　何事にも無駄なことはありません。たとえ失敗してもいいので、とにかくブログをつくって1記事、2記事と書いてみてください。
　失敗したり迷ったりしても、諦めなければ絶対に大丈夫です。
　本書でも何度もお伝えしてきたとおり、継続は成功のカギです。
　失敗したところで終わらせず、ぐっと耐えて続けていると状況が変わってきます。

　私自身、失敗や迷いは何度も経験していて、途中約1年半はずっと迷走していたように思います。
　それも、**すべて継続と試行錯誤のおかげで何とか乗り越えることができました。**

　ブログやアフィリエイトをせっかくはじめるのなら、できるだけ長く、そして楽しく続けてほしいと思っています。

　答えがひとつではないのが難しいところであると同時に、何よりも面白いところでもあるので、ぜひ楽しみながら続けてくださいね。

　ブログは、すぐ身近にあるにもかかわらず、いつのまにか私たちをすごく遠い場所へ連れて行ってくれる素敵なものです。
　そんな素敵なものを紐解くひとつの方法として、本書を活用していただければ幸いです。

最後まで読んでいただき、本当にありがとうございました。
　終わりに、感謝の言葉を伝えたい方がいます。

　まず、私の拙い文章に対して、数多くのアドバイスをくださった、染谷昌利さん。迷惑をかけてばかりでしたが、いつも親身になって相談に乗っていただいたおかげで、最後まで書き切ることができました。何度励まされたかわかりません。ありがとうございます。これからも、染谷さんからたくさんのことを学んでいきたいです。
　そして、ソーテック社の福田清峰さん。執筆途中で迷ったときや困ったとき、丁寧なアドバイスをくださって、非常に勉強になりました。はじめての書籍出版ということでわからないことが多く、たくさんご迷惑をおかけしましたが、最後までお付きあいいただいて本当にありがとうございます。今回のことを学びに、精進していきたいと思います。
　最後に、私を育ててくれた両親に「ありがとう」と伝えたいです。粘り強く考えること、諦めないこと、文章を読み、書くことを楽しめる土台が私にあったのは、ひとえに父と母のおかげです。いつも前向きで明るく努力を楽しむ父と、誰よりもやさしく思いやりがあり勉強家な母は、私にとって一生のお手本です。
　また、執筆途中にたくさんの癒しをくれたうさぎ2羽にも、感謝しています。

　ほかにも、本書の出版にあたって相談に乗ってくれた身近な人や、ブログをいつも読んでくださっている読者のみなさん、すべての方に感謝の意を込めて。
　ありがとうございます。
　あなたの人生が、楽しく幸せなものでありますように。

亀山 ルカ

Illustration　Wako Sato
Book Design　Yutaka Uetake

アフィリエイトで夢を叶えた元OLブロガーが教える
本気で稼げるアフィリエイトブログ
収益・集客が1.5倍UPする プロの技79

2018年 3 月31日　初版第 1 刷発行
2023年 2 月28日　初版第17刷発行

著　者　　亀山ルカ　染谷昌利
発行人　　柳澤淳一
編集人　　久保田賢二
発行所　　株式会社　ソーテック社
　　　　　〒102-0072 東京都千代田区飯田橋4-9-5　スギタビル4F
　　　　　電話：注文専用　03-3262-5320
　　　　　FAX：　　　　　03-3262-5326
印刷所　　図書印刷株式会社

本書の全部または一部を、株式会社ソーテック社および著者の承諾を得ずに無断で複写（コピー）することは、著作権法上での例外を除き禁じられています。
製本には十分注意をしておりますが、万一、乱丁・落丁などの不良品がございましたら「販売部」宛にお送りください。送料は小社負担にてお取り替えいたします。

©RUKA KAMEYAMA & MASATOSHI SOMEYA 2018, Printed in Japan
ISBN978-4-8007-2051-1